加气滴灌关键技术研究

李浩　李红　蒋跃　著

中国水利水电出版社
www.waterpub.com.cn
·北京·

内 容 提 要

本书是作者多年从事加气滴灌理论与技术研究工作的总结。全书共6章，系统介绍了加气滴灌相关理论与关键技术，主要包括常用加气装置产气特征、加气滴灌水肥气均匀性、加气滴灌灌水器堵塞规律及灌水器堵塞对系统水力性能的影响、加气滴灌灌水器堵塞机理等内容。

本书可供从事滴灌技术和水肥管理等专业研究的技术人员和高等院校相关专业的师生阅读参考。

图书在版编目（CIP）数据

加气滴灌关键技术研究 / 李浩，李红，蒋跃著. --
北京 : 中国水利水电出版社，2022.11
ISBN 978-7-5226-1050-4

Ⅰ. ①加… Ⅱ. ①李… ②李… ③蒋… Ⅲ. ①滴灌－研究 Ⅳ. ①S275.6

中国版本图书馆CIP数据核字(2022)第193457号

书　　名	**加气滴灌关键技术研究** JIAQI DIGUAN GUANJIAN JISHU YANJIU
作　　者	李 浩 李 红 蒋 跃 著
出版发行	中国水利水电出版社 （北京市海淀区玉渊潭南路1号D座 100038） 网址：www.waterpub.com.cn E-mail：sales@mwr.gov.cn 电话：（010）68545888（营销中心）
经　　售	北京科水图书销售有限公司 电话：（010）68545874、63202643 全国各地新华书店和相关出版物销售网点
排　　版	中国水利水电出版社微机排版中心
印　　刷	北京印匠彩色印刷有限公司
规　　格	184mm×260mm 16开本 7印张 145千字
版　　次	2022年11月第1版 2022年11月第1次印刷
印　　数	0001—1000册
定　　价	**78.00元**

Foreword 前言

农业节水是推行绿色生产方式、促进农业可持续发展的必然选择，在农业生产中，大力发展高效节水灌溉技术，提出突破传统模式的新技术和新方法，是提高水资源利用效率、解决当前我国水资源供需矛盾的重要手段，是现代高效农业发展的必然趋势，同时也是实施乡村振兴战略、深化农业供给侧结构性改革的主要路线。因此，迫切需要大力发展以提高科技创新能力为支撑，以提高农业用水效率为核心的现代农业高效节水技术，促进粮食生产提质增效，为我国粮食安全、水安全和生态安全保驾护航，为实现我国农业绿色可持续发展战略提供坚实的科技支撑。

加气滴灌为滴灌技术赋予了新的内涵，其以作物最优生长状态为目标，以调控作物根区土壤环境为手段，充分提高水、土、肥、气等多过程和多要素对作物生长的协同效应，不仅能够有效降低土壤机械强度、改善土壤通气状况、提高水分和养分的利用效率，还能够显著提高作物产量和品质。同时，加气滴灌还可以延缓滴灌灌水器的堵塞过程，增加灌水器使用寿命。因此，加气滴灌实现了水气的同步实施，提升了农业生产的经济效益，具有明显的技术优势和良好的应用前景。

加气滴灌通过滴灌管网将氧气或含氧介质直接输送至作物根区土壤，优化作物根系生长环境，提高作物产量和品质。但是加气易对滴灌系统内部流动产生扰动，容易造成滴灌带内水肥气分布不均，从而影响滴灌系统灌施效果。同时，加气还会破坏滴灌系统内原有微生态平衡，影响灌水器的堵塞过程。掌握加气装置的产气特征，明确不同加气方式下管网水气输送特性，研究加气滴灌管网水肥气空间分布特征，探求灌水器堵塞规律，揭示灌水器堵塞机理，是保障加气滴灌灌溉质量和灌施效果的关键。

本书围绕加气滴灌技术，研究加气装置和滴灌带内水气分布及运动特征，并深入研究分析加气滴灌系统管网的灌水、施肥、溶解氧含量等均匀性分布，探讨加气滴灌灌水器的堵塞规律，揭示加气对灌水器堵塞过程影响作用机理。希望本书的出版能进一步丰富加气滴灌相关技术理论，为提高加气滴灌技术的理论研究和推广应用水平提供帮助。

全书共分6章，第1章介绍加气滴灌技术的研究背景与意义以及国内外研究现状、发展方向等；第2章介绍不同加气装置的产气特征及其对滴灌带内水气传输的影响；第3章介绍不同加气方式下滴灌管网水肥气空间分布及均匀性；第4章介绍加气滴灌灌水器堵塞规律及灌水器堵塞对灌水均匀性的影响；第5章介绍加气滴灌灌水器堵塞机理。

全书由李浩审定、统稿。本书在撰写过程中，得到了中国农业科学院农田灌溉研究所、江苏大学的大力支持，许多专家和学者提供了宝贵的意见，同时参考和引用了大量国内外相关文献，在此向对本书相关研究工作作出贡献的全体课题组成员和参与撰写、审稿工作的专家表示真诚的感谢。

由于加气滴灌技术相关研究内容丰富、发展迅速，有待进一步研究的内容很多，加之作者水平和时间限制，尽管尽了最大努力，但由于作者水平所限，书中难免存在疏漏和不当之处，敬请读者不吝赐教，批评指正。

作者

2022年6月

Contents 目录

第 1 章

绪 论

1.1 研究背景与意义

1.1.1 研究背景

“王者以民人为天，而民人以食为天”。自古以来，农业就是国民经济的基础，是社会发展的基石，是全面推进构建和谐社会的根本所在。农业节水在我国发展战略中占有重要地位，对保障我国粮食安全和转变农业发展方式均具有重要的现实意义。党中央高度重视农业节水工作，不断出台各项政策措施，促进农业发展。进入 21 世纪以来，中央一号文件确立了水是生命之源、生产之要、生态之基的战略地位，并连续 17 年聚焦“三农”问题。与此同时，我国通过采取各种措施，充分发挥国家科技力量与基础设施的支撑作用，大力提升我国农业科技创新能力，不断突破农业领域关键技术瓶颈，提升我国农业科技的核心竞争力，推动我国现代农业产业发展水平，确保粮食安全、生态安全、水安全和主要农产品的有效供给，并为决胜脱贫攻坚、全面推进乡村振兴战略、巩固发展阶段性成果，提供强大后备力量与动力支撑。

自改革开放以来，我国的农业节水工作稳步发展。在灌溉面积增加 40%左右的情况下，我国农业用水总量并没有发生显著增长。随着农业节水技术的推广与应用，我国单位面积灌溉用水量大幅度降低。灌溉水有效利用系数也由之前的 0.3～0.4，提高到现在的 0.559，但是发达国家农业灌溉水有效利用系数在 0.7 左右，与他们相比，我国仍然存在着明显差距。随着我国人口的持续增长，水资源短缺和生态环境恶化现象日益加剧，土地经营方式开始加速转变，农业产业功能也在不断拓展，不仅对农产品数量和质量提出了更高要求，还给农业生产用水带来了新的挑战，传统的农业灌溉方式已逐渐不能满足现代农业、农村、农民的需要。

农业节水是推行绿色生产方式、促进农业可持续发展的必然选择，在农业生产中，大力发展高效节水灌溉技术，提出突破传统模式的新技术和新方法，研制并推广高效节水灌溉设备与产品，是提高水资源利用效率、解决当前我国水资源供需矛盾的重要手段，是现代高效农业发展的必然趋势，同时也是实施乡村振兴战略、深化农业供给侧结构性改革的主要路线。因此，迫切需要大力发展以提高科技创新能力为支撑，以提高农业用水效率为核心的现代农业高效节水技术，围绕农田灌溉用水的主要环节，系统地开展基础与应用基础研究，跨越式提高我国在农业节水领域的研究水平和地位，认真贯彻国家“藏粮于技、藏粮于地”的粮食战略和“节水优先、空间均衡、系统治理、两手发力”的治水思路，促进粮食生产提质增效，为我国粮食安全、水安全和生态安全保驾护航，为实现我国农业绿色可持续发展战略提供坚实的科技支撑。

1.1.2 研究意义

农业发展所面临的新形势给农业节水带来了新的要求和挑战，Mueller Nathaniel D等2013年在《Nature》中提出水、肥的科学管理在应对粮食安全和实现农业可持续发展方面具有关键作用。Nathaniel D. Mueller等2014年在《PNAS》中指出，发展高效节水技术，提高水的利用率有助于应对未来全球气候变化给农业发展带来的潜在影响。因此，发展农业高效节水，就必须突破单一要素思维，不仅要关注农业用水效率，还要充分利用各种有效资源，从整体的维度综合考虑作物生长环境、光合作用、耗水需水、农田灌水等多过程之间的耦合问题，以及水、肥、气、热、盐、光、药等多要素之间的协同作用，从而整体上实现多要素对农业用水效率的协同提升。康绍忠认为当前关于农业高效用水的研究目标已经不足以满足农业发展的需要，并提出我国农业高效用水亟须由传统农业追求高水、高肥、高产向控水减肥、优质高效、绿色生态等方向转变，为我国传统农业高效节水的进一步发展提供了新的思路：由单一的注重节水技术、节水高效和节水高产向多种农业技术相结合、水、肥、药等多因素一体化以及节水提质等方向转变。

加气滴灌是一种新型节水灌溉技术应用方式，它以保持作物的最优生长状态为目标，通过滴灌管网将氧气或含氧介质精准输送至作物根区土壤，精准调控根区土壤的水肥气环境，充分提高各环境、生长要素的协同作用，形成对作物生境过程综合调控和对用水效率的协同提升。研究表明，加气滴灌技术可以有效降低土壤机械强度，改善土壤通透性，缓解土壤灌溉缺氧现象，以保证作物根系良好的生长环境，维持作物正常的新陈代谢，进一步提高水分、养分利用率，从而达到节水、增产、提升生产经济性的目的。因此，加气滴灌技术可以很好地解决作物根际缺氧这一难题，为作物根区生长环境提供水肥气的最佳分配方式，实现农业的优质、高产，在滴灌技术的应用创新方面具有较高学术价值和重大研究意义，加气滴灌技术已成为现代农业可持续发展的研究热点之一。

加气滴灌技术为实现水肥气的高效同步实施，提升作物经济效益提供了新的思路和方法，具备明显的技术优势和良好的应用前景。但是，向滴灌管网加气产生的气泡会增加对水流的扰动，并因此改变管网内原有介质的流动特性。如果加气装置产生的气泡较大，会很容易发生气泡的融合、破裂和逸出现象，造成滴灌带内水气分布不均，导致水中的含气量沿滴灌带逐渐下降，从而减小滴灌管网水气出流均匀性，影响滴灌系统均匀性等重要的水力性能。随着气泡沿着滴灌带从灌水器中逸失，滴灌系统水气出流的均匀性会受到影响，并制约水气的有效传输，产生滴灌带前端作物根区土壤加气过量，末端加气不足的现象，使作物产量沿滴灌带呈线性下降。

因此，本书围绕加气滴灌技术，研究加气装置和滴灌带内水气分布及运动特征，探讨加气滴灌灌水器的堵塞规律，揭示加气对灌水器堵塞过程的影响作用机理，并深入研究分析加气滴灌系统管网的灌水、施肥、溶解氧含量等均匀性分布，进一步丰富加气滴灌相关技术理论，对加气滴灌技术的理论研究和推广应用等方面具有重要的指导意义。

1.2 国内外研究现状

1.2.1 加气方式与加气设备

国内外学者通过深入研究土壤缺氧和土壤通气对作物生长的影响，总结出几种可以改善土壤水气环境的方法和措施，如通过耕作改善土壤结构、创建人工通气通道、合理的灌溉和排水管理以及植物耐性选择等。特别是提出了通过地下滴灌调节作物根区土壤水气环境的方法：对作物根区土壤进行强制通气（即利用空气压缩机等直接向滴灌管网泵入空气或氧气，使空气或氧气通过灌水器直接进入根区土壤）、通过滴灌管网为根区土壤输送水气混合介质、向灌溉水中添加各种过氧化物，我们把这种方法称为加气滴灌。对于加气滴灌，采用合适的加气方式和加气设备是决定水、气灌施效果的关键因素之一。目前，滴灌系统常用的加气方式有化学加气和机械加气两种。

1. 化学加气

化学加气是指利用过氧化物的不稳定性，易在土壤中分解产生氧气的原理，向作物根区土壤灌施过氧化物的水溶液，以补充根区土壤氧气含量。化学加气方法常用的过氧化物有过氧化氢（H_2O_2）、过氧化脲、过氧化钾（K_2O_2）等。早在20世纪40年代，美国伊利诺伊州农业试验站Melsted等就采用田间试验的方法，研究在玉米、大豆等作物根区土壤灌溉过氧化氢水溶液对产量的影响，结果发现这种方法可以显著提高作物产量，同时验证了化学加气方法的可行性。Bryce等（1982）发现在灌溉水中添加过氧化脲可以改善土壤通气状况，并可以有效解决过量灌溉产生的根区缺氧问题。Urrestarazu和Mazuela（2005）的研究也表明，在灌溉水中添加过氧化钾可以使甜椒的产量提高 20%左右，甜瓜的产量提高 15%。

2. 机械加气

机械加气是指采用机械装置将氧气或含氧介质加入滴灌管网，并输送至作物根区土壤，以改善作物根区水气环境。机械加气方法常用的加气装置有空气压缩机、文丘里喷射器和微纳米气泡发生器等，如图 1－1 所示。

(a) 空气压缩机

(b) 文丘里喷射器

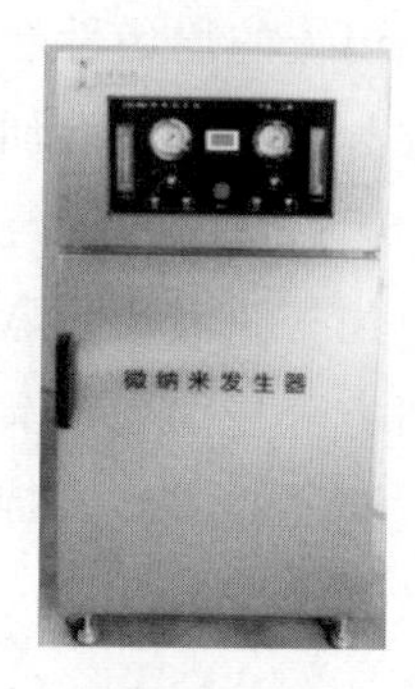

(c) 微纳米气泡发生器

图 1－1　加气装置

(1) 空气压缩机。20 世纪 80 年代，美国罗格斯大学新布伦瑞克分校 Busscher 采用空气压缩机通过管网直接向温室蔬菜根区土壤加气，并发现这种方法可以显著提高温室蔬菜的产量。谢恒星等（2010）、张璇等（2012）采用同样的方法，分别研究了根际直接加气对温室甜瓜和盆栽番茄生长的影响。结果表明，加气处理可显著提高温室甜瓜和盆栽番茄的各项生长指标和产量。常见的空气压缩机加气系统如图 1－2 所示。

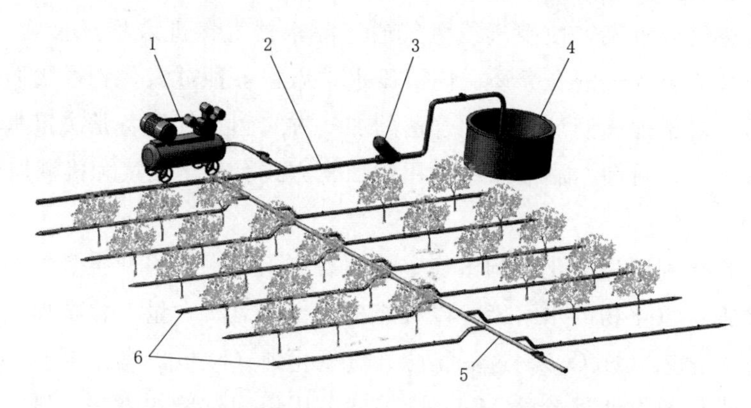

图 1－2　常见的空气压缩机加气系统示意图

1—空气压缩机；2—主管道；3—过滤器；4—水源；5—支管；6—滴灌带

(2) 文丘里喷射器。进入 21 世纪后，加气滴灌技术得到了进一步发展，在滴灌系统上安装文丘里喷射器成为最常用的加气方法之一。在封闭的管网中，有压的灌溉水在文丘里喷射器喷嘴处会形成高速射流，从而导致喉管处产生局部真空。受外界大气压的影响，外部空气或氧气通过吸气口进入文丘里喷射器内部，并在高速水流强烈的湍流剪切作用下，破碎产生大量微小气泡，这些气泡与灌溉水充分混合后形成高溶解氧的过饱和水气混合物，最终进入滴灌管网并输送至作物根区土壤。由于文丘里喷射器是受管道水力驱动，不需要提供额外动力装置，可以实现现有滴灌系统的快速改造，或者对新的滴灌系统进行简单的添加。再加上文丘里喷射器具有体积较小、结构简单、便于安装和维护等优点，因此在工程设计中应用广泛，采用文丘里加气滴灌的方法研究作物生境对加气的响应规律已经成为越来越多学者的选择。而Mazzei公司在1996年就已经开始研发用于滴灌系统的文丘里喷射器，并称之为“AirJection”，现在已经开发了多款型号的产品，并在田间广泛应用。文丘里加气滴灌系统示意如图1-3所示。

图1-3　文丘里加气滴灌系统示意图

（3）微纳米气泡发生器。近年来，微纳米气泡技术作为水科学与纳米科技前沿交叉形成的一个新兴科技，被广泛应用于生物、环境、医学、农业和渔业等领域。微纳米气泡具有独特的物理、生物和化学特性，纳米级的粒径保证了其在灌溉水中的停留时间，而其良好的传质效率可以显著增强灌溉水中溶解氧含量。另外，微纳米气泡表面电荷产生的电势差又决定了对灌溉水中悬浮颗粒的吸附作用，其产生自由基的能力，有助于降解灌溉水中的有机物，从而进一步净化水质。因此，微纳米气泡更适合滴灌系统管网输送。已有研究表明，在农业生产过程中，采用微纳米气泡发生器将微纳米气泡加入灌溉水中，形成微纳米加气滴灌技术，并借助滴灌管网完成水气同步输送，不仅能够提高作物产量和品质，还有助于减少化肥生产和使用过程中对环境的伤害。微纳米加气滴灌系统示意如图1-4所示。

随着加气滴灌相关研究工作的深入开展，加气滴灌技术逐渐成为节水灌溉与作物增值增产的研究热点。不同加气方式对作物的灌施效果有一定的差异，相关研究认为，化学加气方式有利于作物对土壤养分的吸收，机械加气方式则可以增强根系活力，更有利于植株根系生长。

1.2.2　加气对土壤环境的影响

土壤是粮食安全、水安全和生态安全的基础。在农业生产过程中，受自然因素，如土壤质地、结构、气温和人为因素（如翻耕、灌溉、施肥等）的影响，土壤结构很容易发生变化，并导致土壤品质下降。另外，在作物进行灌溉时，根区土壤极易受到

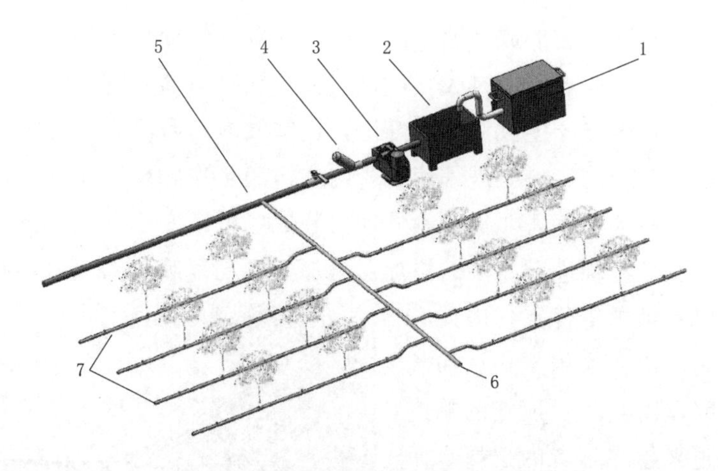

图 1-4 微纳米加气滴灌系统示意图

1—微纳米气泡发生器；2—水箱；3—水泵；4—过滤器；5—主管道；6—支管道；7—滴灌带

灌溉水的胁迫，导致氧浓度降低，产生作物根际低氧胁迫，抑制根系呼吸作用和微生物群落活动。研究表明，作物根际土壤缺氧会直接影响作物根系的正常生长，并对作物各种生理过程和根系抗病性产生有害影响。因此，增加作物根区土壤氧含量，对促进作物生长、提高土壤生产力具有重要意义。

加气灌溉对土壤水气环境的作用明显，朱艳等（2016）研究表明，加气灌溉明显改善了作物根区土壤环境，增加土壤通透性，并有效调控土壤水气配合比，促进土壤和植物根系呼吸。Dhungel 等（2012）对菠萝进行了加气滴灌研究，认为加气滴灌不但增加了土壤通气状态，还增加了土壤微生物的多样性，并提高了菠萝产量。徐春梅等（2012）、赵锋等（2012）、Sang 等（2018）在水稻的加气试验中表明，加气可以缓解土壤因长期淹水而产生的根际低氧胁迫，提高了水稻根比表面积和氧化强度，从而增强了水稻根系活力和代谢能力，有效解决了水稻的“水氧矛盾”问题。

加气灌溉对土壤中水气环境的改变势必会影响土壤微生物群落活动，而土壤微生物的区系组成、生物量及其生命活动不仅与土壤的形成和发育密切相关，还肩负着对土壤养分和有机质的分解、转化的重任。另外，土壤微生物群落活动具有提高作物对养分的吸收能力、改善作物根系结构以及保护作物免受生物和非生物胁迫的侵害等关键作用。因此，对作物根区进行加气灌溉，营造了适宜土壤微生物生存的水气环境，并有效刺激作物根区土壤微生物群落活动。研究表明，通过地下滴灌管网在番茄根区进行加气滴灌，明显改变了根区土壤中细菌、真菌、放线菌等微生物群落数量，尤其是土壤硝化细菌和反硝化细菌，在番茄全生育期内，土壤硝化细菌平均增加了 2.1%，而土壤反硝化细菌数量则显著降低了 9.7%（$P>0.05$）。赵丰云等（2017）采用高通量基因组测序的方法，研究了加气滴灌对葡萄根区土壤化学特性和细菌群落结构的影响，认为对葡萄根区土壤加气可有效改变相关的功能性土壤细菌群落活性。较为明显的是加气增加了具有硝化功能的亚硝化螺菌以及具有磷钾代谢功能是假单胞菌、芽孢杆菌等菌群的丰度，但是抑制了罗尔斯通菌等反硝化功能细菌的生长。因此，表明作物根区土壤加气可以增强土壤的硝化作用，并削弱土壤的反硝化作用，从而增强了土壤肥力，并促进作物对氮、磷、钾等元素的吸收。

土壤中微生物群落的活动与土壤酶的活性密切相关，土壤酶是评价土壤质量、肥力和环境的重要指标，在一定程度上可以反映土壤微生物群落生命活动的强度，同时也在维持土壤肥力中起着重要作用。Heuberger 等（2001）和 Brzezinska 等（2001）研究发现，土壤酶活性与土壤通气性有显著的相关性，改善土壤通气性可以刺激过氧化氢酶和脱氢酶等土壤酶的活性。李元等（2015）对大棚甜瓜的加气试验也表明，根区土壤加气显著影响了土壤酶的活性、微生物数量等。不同加气灌溉方式对土壤微生物数量及脲酶、过氧化氢酶等活性的影响不同。因此，加气灌溉加快了微生物代谢过程，刺激了土壤中多种酶的活性，促进了作物根系代谢过程，有助于植株健康生长。

土壤氧气含量直接影响着土壤硝化和反硝化细菌的活性，加气灌溉也因此改变了土壤硝化和反硝化作用，导致土壤温室气体如二氧化碳（CO_2）和氧化亚氮（N_2O）产生与排放的变化。研究表明，加气灌溉增加了温室番茄整个生育期土壤 CO_2 的平均排放通量和排放量，但差异性并不显著（$P>0.05$）。Aung 等（2018）也认为加气灌溉显著增加了土壤的 N_2O 的排放量。同时，加气灌溉会增加 CO_2 和 N_2O 的综合增温潜势。

因此，加气灌溉具有综合调控作物生长环境过程的功能，并实现水、肥、气、热等多种作物生长要素对农田水效率的协同提升，通过改善土壤水气条件来刺激土壤呼吸和微生物繁殖，不仅可以改善土壤理化特性，缓解根区土壤水气矛盾，还有助于促进根区土壤微生物活动，并提高相关酶活性，使土壤环境发生变化，对土壤健康有着重大影响。

1.2.3 加气对作物效益的影响

根系是作物生长的能源与动力系统，根系的活力关系着作物对养分的吸收作用和对水分的利用效率，对作物各个生理过程都至关重要。作物根区土壤的含氧量是重要环境因子，严重影响着作物根系的形态结构和对水分养分的代谢功能，因此加气滴灌对土壤环境的作用将会直接影响到作物根系的功能强度，并关系到作物的健康生长。Nakano（2007）、肖元松等（2014）、赵旭等（2010）、雷宏军等（2019）的研究发现，作物根区加气可以增强作物根系活力，提高作物根系对水分和养分的吸收能力，对作物株高、叶面积等均产生不同程度的促进和提高作用。李胜利等（2008）、汪东欣（2020）等认为加气可以很好地改善黄瓜根系的生长，进一步发挥黄瓜根系的生产潜力。加气使黄瓜的根鲜重、根干重、根长和根系活力均有明显的提高。牛文全和郭超（2010）通过玉米加气试验发现，玉米在不同生育期内对氧气的需求不同，在生长后期，玉米根区缺氧现象严重，容易导致玉米生长受到抑制，因此应保障这一生育期内玉米根区土壤中氧的含量，而土壤加气则可以明显改善这种状况，并提高玉米根系活力。同时，还在一定程度上提高了玉米植株的蒸腾作用。此外，土壤加气还能够促进玉米种子的萌芽，提高玉米的出苗率。棉花种植试验也表明，加气灌溉可以有效提升棉花的生长潜力，对棉花的持续性增氧，可以使根体积增加194.62%，根系总吸收面积增加261.89%，根活性面积增加301.73%，根系生物量增加57.15%，株高、地上部生物量、氮和钾的吸收量等均有显著促进作用。

为了进一步研究加气对作物效益的影响，美国加州州立大学Goorahoo等（2002）采用了文丘里加气滴灌的方法，经过连续多年的深入研究，相继考察了加气滴灌对不同农作物如甜椒、香瓜、哈密瓜等多种果蔬效益的影响。结果表明采用文丘里加气滴灌，使甜椒数量提高了33%，鲜重增重39%；香瓜数量提高了13%，鲜重增重18%；哈密瓜数量提高了14%，鲜重增重16%。澳大利亚昆士兰大学Bhattarai等（2004、2008）研究认为，加气滴灌有助于增强作物的生理性能，提高作物产量和水分利用效率。经过对大田棉花加气滴灌的多年试验数据进行统计分析，结果表明，加气滴灌促使棉花的产量提高了10%，同时也提高了灌溉水分利用效率的7%；温室蔬菜的加气滴灌试验也表明，加气滴灌会增加作物整个生育期的水利用效率，并刺激叶片蒸腾速率，提高果实产量。在作物的加气试验中，大豆、鹰嘴豆和南瓜的产量分别提高了43%、11%和15%。番茄在不同土质（重黏土和盐渍土）环境下的加气滴灌试验结果表明，加气滴灌显著提高了番茄产量，并增加了水分利用效率。Bhattarai等（2006）认为这种现象的产生原因主要是加气增加了土壤中氧气的含量，故有效改善了重黏土缺氧的环境状况，同时还增强了番茄对缺氧土壤的适应能力，从而增强了重黏土的生产力。但是对比重黏土和盐渍土两种土质条件下的加气滴灌效果，发现不同土质的加气效果也存在一定差异。例如，在重黏土环境下进行加气滴灌，可以增加番茄鲜重21%，提高了水分利用效率11%；而在盐渍土环境下，加气滴灌则增加了番茄鲜重38%，提高了水分利用效率77%。朱艳等（2017、2020）、商子惠等（2020）的研究也证明了加气滴灌对番茄产量、品质和水分利用效率的显著影响。在试验中，加气滴灌比传统滴灌条件下，番茄的产量提高了29.04%，水分利用效率提高了28.11%，同时还促使番茄植株茎粗和叶面积分别增大了4.55%和16.21%。经检测，加气滴灌条件下番茄果实中番茄红素、维生素C、可溶性糖的含量和糖酸比分别比传统滴灌增加了37.73%、31.43%、32.30%和45.64%。温改娟等（2013、2014）、甲宗霞等（2011）的研究成果也表明，加气滴灌不仅可以促进番茄株高、茎粗和产量的提高，还增加了番茄有机酸、维生素C的含量、果实硬度等，有效提升了番茄品质，并改善了果实风味。张文正等（2017）、杨文龙等（2019）、Chen等（2019）的研究也多次验证了加气滴灌对番茄产量和果实品质的促进提升作用。刘杰等（2010）对温室西瓜进行了加气滴灌试验，对比分析了3种不同加气频率（1次/d、1次/2d和1次/4d）下温室西瓜产量的变化，结果表明，加气滴灌可以显著提高西瓜产量，不同的加气频率对西瓜产量影响不同。3种加气频率分别提高了西瓜产量的7.3%、18.6%、4.5%；同时加气滴灌还显著增加了西瓜中可溶性总糖和可溶性固形物含量。此外，张敏等（2010）、谢恒星等（2010、2017）、李元等（2016）的研究也认为加气滴灌有助于增加甜瓜产量和品质，提高作物经济效益。Ouyang等（2020）认为加气滴灌可以提高生菜的生长、光合能力和水分利用效率，从而提高生菜的干物质利用率、产量和营养价值，为改善生菜的品质和产量提供了可行条件。

以上研究表明，加气滴灌有助于调节作物根区土壤的水气环境，强化作物对土壤养分的吸收能力，有效促进水肥气对作物生长的协同调控，刺激作物根系的活力，促进作物健康的生长发育，提高作物的产量和品质，较大地提升作物生产经济性。

1.2.4 加气对滴灌系统性能的影响

由于加气滴灌水气输送过程不仅仅是水和气的独立运动，而且是水、气两相相互影响的复杂流动，是水和气之间质量、动量和能量的传递过程。因此，加气滴灌管网内的气液两相流动比传统滴灌水的单相流动更为复杂。水、气两相的流动结构变化规律、流型的演变特征等是表征加气滴灌管网内部流动特性的重要参数。近年来，国内外学者对加气滴灌气液两相流动做了一定的研究。在理论研究方面，现有对气液流动特性的研究均基于质量、动量和能量守恒定理，采用两相流的基本方程组进行分析。Su和Midmore（2005）基于两相流体力学理论，建立了加气滴灌气液两相流动的色散方程，研究了稳态条件下加气滴灌的水气运动，并认为水气受重力的影响，分布并不均匀。Panicker等（2018）基于不可压缩双流体模型，通过增加依赖于阻力系数和气体体积分数的梯度的色散源项，研究了气液两相流动的不稳定性。随着现代测量技术、图像处理技术和计算流体动力学（CFD）方法的快速发展，可视化试验和数值模拟的方法在气液两相流动的研究中显示出较高的学术意义。Bhattarai等（2013、2015）通过可视化试验和图像处理技术，研究了滴灌带沿程含气率和溶解氧浓度的变化，发现气泡尺寸、滴头朝向等加气滴灌相关技术参数对滴灌带内含气率和溶解氧浓度均有重要影响，同时，随着上述相关技术参数的变化，滴灌带沿程水气分布和运动规律也产生相应改变。Yin等（2015）、Gordiychuk等（2016）利用高速摄影技术对文丘里产气特征进行了试验研究，评估了水气两相流动中气泡尺寸分布与发展。Li等（2017）通过可视化试验，认为小气泡增加了气液界面面积，有助于降低气泡上升速度，增加气体扩散速率和气体滞留时间。Kong等（2018）通过可视化试验，研究了气液两相流动特征等随着流动的发展变化，结果发现气泡尺寸会沿着流动方向加速生长，从而导致含气率降低。Shanthin和Pappa（2017）通过图像处理技术提取两相流型特征，提出了一种基于人工智能的两相流型识别方法。Eyo等（2019）通过试验的方法，捕捉两相流型与传感器电压信号的变化规律，并通过概率密度函数法，建立电压信号与两相流型间的映射关系，研究了一种气液两相流型的实时自动识别方法。数值模拟方面，Milelli等（2001）研究了大涡模拟（LES）方法在气液两相流动数值模拟中的应用，表明LES方法在预测气、液两相速度和含气率方面具有相当大的潜力。Wei等（2018）运用Fluent软件，采用欧拉—欧拉方法，研究了气泡尺寸、相间相互作用力等因素对两相流场结构的影响。Liu和Li（2018）、邵梓一等（2018）均采用LES的方法模拟了瞬态气液两相流动，并以PIV试验对结果进行了验证。

在农业生产中，为了实现加气滴灌技术的工程化应用，遴选适宜的加气装置，通过技术措施保障滴灌管网中水气的稳定、高效输送是加气滴灌规模化推广应用的前提。加气滴灌过程中灌水器流量、水、气的均匀性等均是评价加气灌溉质量的重要指标，也是保障加气对作物根区土壤环境和作物效益作用效果的关键。Goorahoo等（2007）研究发现，受管网水气均匀性的影响，作物产量沿滴灌带铺设长度呈显著的线性关系分布。为了增强滴灌系统水气输送的均匀性，保证水气传输距离，一些学者以灌溉均匀性和氧传质效率评价加气滴灌系统的水力性能，认为管网布置方式、表面活性剂浓度、添加气体的种类（氧气和空气）、系统工作压力等均对滴灌系统水、气的均匀性影响显著。

在滴灌系统的水气混合和传输过程中，气泡尺寸是重要的影响因素之一。目前，文丘里是加气滴灌常用的加气装置，国内外关于加气滴灌技术的大量研究均采用文丘里加气方式。然而，文丘里加气方式产生的气泡尺寸大小不均匀，大的气泡在管网中的运动很不稳定，受各种因素影响，极易发生气泡间的融合、破裂和逸出现象，导致灌溉水含气量沿滴灌带逐渐下降，最终引起管网内水气分布不均等问题，严重影响了滴灌系统水气出流的均匀性，制约水气的有效传输。Torabi等（2013、2014）试验研究了文丘里加气滴灌系统均匀性的影响因素，认为体积较大的气泡在滴灌带内空间分布非常不均匀，这是造成滴灌系统均匀性下降的重要原因。另外，不合理的加气流量、灌水器额定流量、管道直径和布置方式等均会导致滴灌系统均匀性的降低。Bhattarai等（2015）研究发现大气泡容易从方向朝上设置的灌水器中逸出，导致滴灌带内水气分布不均，从而影响系统均匀性；并认为小气泡有助于维持滴灌带水气分布的平衡，促进水气的均匀出流。相对于大气泡，小气泡具有更好的稳定性和氧传质效率，并且更有利于增加水气有效运输距离，促进管网中水气的均匀分布。因此，为了增强气泡稳定性，保证管网中小气泡的数量，有学者在水中添加表面活性剂，以提高气泡表面黏度和弹性，抑制气泡间的融合。雷宏军等（2017、2018）通过加气滴灌系统性能试验，评估了加气滴灌系统水气出流和溶解氧含量的均匀性，并认为加气减小了滴灌系统均匀性，添加活性剂对水气传输过程中微气泡的存在和溶解氧的保持有重要意义。微纳米气泡特有的理化性质，为加气滴灌技术提供了新的加气方式，微纳米加气滴灌正在逐渐应用于节水灌溉领域。饶晓娟等（2017）通过微纳米加气滴灌试验，研究了不同增氧浓度和灌水器额定流量下，滴灌带沿程溶解氧浓度的变化，认为滴灌带沿程溶解氧含量与增氧浓度成正比，与灌水器额定流量成反比。但是，目前尚没有微纳米气泡在管网中运动规律的相关研究，其对滴灌系统水力性能有何影响，仍需进一步研究。

由此可见，当前对加气滴灌系统性能的研究，仍然以文丘里加气滴灌系统水、气的分布均匀性为主，还未有涉及加气滴灌施肥方面的研究，同时，加气装置的产气特征以及加气滴灌系统管网气泡的运动和分布相关研究尚需进一步探讨。

1.2.5 加气对滴灌灌水器堵塞特征的影响

随着全球水资源短缺和工业化进程加快，水污染问题日益严重。在农业生产过程中，常常以河流和湖泊的高含沙量水、轻度污染地表水和浅层地下水等劣质水源进行灌溉，这些水源通常含有大量固体悬浮颗粒等杂质、多种离子及可溶性有机物等化学物质以及细菌、藻类等微生物，很大程度地增加了灌水器发生堵塞的风险。滴灌灌水器堵塞问题严重制约着滴灌系统性能、使用寿命和推广应用，解决灌水器堵塞问题对于提高滴灌系统的安全运行至关重要。因此，研究滴灌灌水器堵塞问题具有重要意义，确定灌水器堵塞物的特性，是探索灌水器堵塞机理和建立防堵塞方法的基础。

滴灌灌水器根据堵塞原因可分为物理堵塞、化学堵塞和生物堵塞。但是，在实际生产中，灌水器堵塞并不仅仅是由单一的物理、化学或生物因素而引起的，在灌水器的堵塞过程中，往往伴随着两种或三种以上因素引起的复合堵塞，即灌水器中的堵塞物质是由水质的物理、化学和生物特性的协同作用引起的。其中，微生物活动对灌水器堵塞的影响尤其重要。这是因为微生物活动产生的胞外聚合物（Extracellular Polymeric Substances，EPS）具有一定的黏合作用，很容易附着在灌水器流道表面，并在灌溉过程中不断吸附灌溉水中悬浮颗粒等杂质，形成生物膜，从而诱导灌水器发生堵塞。因此，控制微生物的生长可以有效地缓解灌水器的生物堵塞。

20 世纪末，一些专家和学者便开始关注微生物活动对滴灌系统产生的影响。1980年，Picologlou 等发现微生物群落活动会使输水管路表面产生膜结构，并影响系统性能。Ravina 等（1992、1997）对滴灌灌水器堵塞物质进行检测后发现，灌水器的堵塞物主要为有细颗粒有机物和无机物的凝胶状团聚体，以及微生物代谢产生的生物质。Taylor 等（1995）认为微生物产生的生物膜是促进有机物沉积的重要因素，也是灌水器堵塞的原因之一。由于灌溉水中的化学物质不断在灌水器壁面与生物膜表面沉淀，显著改变了灌水器流道表面粗糙度等表面特性，进一步促使灌溉水中悬浮颗粒、化学沉淀以及微生物等在灌水器流道表面附着。因此，采用技术手段控制微生物的生长，有助于延缓灌水器的堵塞进程。

由于氯的强氧化性可以有效抑制微生物的生长活动，防止生物膜的形成，因此，对滴灌系统进行加氯处理可以有效延缓或预防灌水器发生生物和化学堵塞，这也是滴灌系统常采用的抗堵塞方法。但是，加氯频率或浓度过高会抑制作物根系发育，降低植株对氮素的吸收能力，对作物生长发育会产生一定的负面影响。在对灌水器堵塞的研究过程中，Sahin等（2005）发现，芽孢杆菌属（ERZ，OSU-142）和伯克霍尔德氏菌（OSU-7）中的三种拮抗细菌菌株可以作为灌水器的防堵塞剂，以缓解灌水器的生物堵塞。Eroglu等（2012）的研究表明，枯草芽孢杆菌OSU-142可以减轻灌水器因$CaCO_3$附着产生的化学堵塞。这些研究表明，控制或改变微生物群落活动可以显著影响灌水器的堵塞过程。

在加气滴灌系统中，管网中介质的水气环境产生了相应改变，尤其是在微纳米加气滴灌系统中，微纳米气泡可以有效有去除水中悬浮颗粒、减轻表面化学沉积、抑制微生物生长等作用，必然会影响到灌水器堵塞的发展过程。但是，目前尚没有针对加气滴灌系统开展灌水器堵塞规律的相关研究，因此，仍需深入探索加气滴灌条件下灌水器堵塞的动态发展过程和诱发机理，研究微生物群落活动与灌水器堵塞间的相关关系，进一步丰富加气滴灌理论。

1.2.6 存在的问题

综上所述，在加气灌溉对作物根区土壤环境的改善、对作物生长效益如产量、品质等的提高、对水、肥的利用效率的促进作用以及对滴灌系统灌水均匀性的影响等方面，国内外学者开展了大量的研究，并取得了丰富的科研成果，为加气滴灌的进一步开展奠定了基础。在滴灌系统中，由于加气对滴灌系统性能等各方面的影响是决定灌施效果的关键因素，目前关于加气滴灌的研究，仍然存在以下问题：

（1）不同加气方式产气效果及滴灌带内水气运动特征。目前文丘里喷射器和微纳米气泡发生器是常用的加气装置，然而，不同加气装置的产气效果不同，由于它们产生的气泡在尺寸、氧化性能等理化性质具有明显的差异，直接影响了滴灌带内水气的运动。关于文丘里加气滴灌，在已有的研究中，学者们考察了滴灌带内不同位置气泡的分布规律。事实上，文丘里进出口压差是影响其工作性能的重要因素，其内部气液流动特性直接反映了产气效果，但是相关研究却鲜有报道。而对于微纳米加气滴灌，微纳米气泡发生器的产气特征及滴灌带内气液混合流动的相关研究尚待深入研究。因此，进一步对这两种滴灌加气方式的产气效果及水气输送过程和运动特征开展研究，获得不同加气方式的适应条件显得尤为重要。

（2）加气滴灌管网水肥气空间分布均匀性。目前对于加气滴灌系统均匀性的研究，主要集中在管网水、气分布的均匀度及其影响因素等方面。但是关于研究不同加气方式下水肥气空间分布均匀性，明确相关技术参数如灌水器额定流量、工作压力、滴头朝向等对水肥气空间分布均匀性的影响作用等仍显不足。因此，在当前现代农业节水对农业生产和新型节水技术提出水肥气等多过程和多要素协同提升要求的背景下，需要综合考虑不同技术参数对加气滴灌系统水肥气空间分布均匀性的影响规律。

（3）加气对滴灌灌水器堵塞特征的影响研究。灌水器堵塞问题严重制约着滴灌系统性能、使用寿命和推广应用，解决灌水器堵塞问题对于提高滴灌系统的安全运行至关重要。目前尚没有相关研究深入探讨加气对滴灌灌水器堵塞特征的影响作用及堵塞机理。因此，监测灌水器堵塞的动态过程，开展加气滴灌灌水器堵塞规律及堵塞机理的相关研究，有助于进一步明确加气对滴灌系统性能的影响。

1.3 研究内容与技术路线

1.3.1 研究内容

加气滴灌可以有效调节作物根区土壤环境，提高作物产量和品质，但是加气对滴灌带内部流场的扰动直接影响了滴灌系统的水力性能，对水肥气的灌施效果产生一定的制约作用。不同加气装置因其产气效果不同，对滴灌系统的影响也有所差异。因此，本研究紧紧围绕加气对滴灌系统内部流动与灌施效果的影响这一关键问题，对加气滴灌技术展开研究。同时，针对滴灌灌水器堵塞这一实际问题，深入研究了微纳米加气滴灌系统灌水器的堵塞规律与堵塞机理。具体研究内容如下：

（1）加气滴灌系统不同加气装置的产气特征与滴灌带内水气运动。针对加气滴灌系统，采用数值模拟和高速摄影试验相结合的方法，从气液两相流体力学角度，捕捉加气装置（文丘里喷射器和微纳米气泡发生器）的产气特征，以及相应加气方式下，滴灌带沿程水、气的分布，探讨不同加气方式对滴灌系统内水气运动及分布规律的影响。

（2）加气滴灌系统不同加气方式下灌水、施肥、加气均匀性。采用文丘里喷射器和微纳米气泡发生器为加气装置，压差施肥罐为施肥装置，重点研究滴灌水肥一体化条件下，不同加气方式对水肥气的灌施效果。同时，考虑滴灌系统不同工作压力、滴头朝向以及压差施肥罐进出口压差等技术参数，开展加气滴灌系统的性能试验研究，探讨滴灌管网不同取样点的滴头流量、灌溉水量、肥液浓度、施肥总量、溶解氧浓度以及溶解氧含量的分布特征，计算分析加气滴灌系统水肥气空间分布的均匀性及其主要影响因素，对比分析不同加气方式的最优工作参数。

（3）微纳米加气滴灌系统灌水器堵塞规律。在不同加气方式对滴灌系统水肥气灌施效果的影响作用研究的基础上，针对微纳米加气滴灌系统，以不同类型灌水器为研究对象，开展微纳米加气滴灌灌水器堵塞试验，通过监测不同灌水器平均流量比（*Dra*）的动态变化过程，研究加气滴灌灌水器堵塞发展规律；评价加气滴灌对不同类型灌水器堵塞发展规律的影响；分析滴灌系统均匀性对灌水器堵塞程度的响应特征。

（4）微纳米加气滴灌灌水器堵塞机理研究。针对微纳米加气滴灌系统堵塞灌水器流道内的附着物，采用扫描电镜及能谱分析仪进行堵塞物物理性质和化学组分分析，并采用 16S rRNA 技术对堵塞物样品微生物群落多样性进行分析，研究加气对灌水器堵塞物微生物群落多样性的影响效应，并结合滴灌系统灌水器平均流量比（*Dra*）变化情况，探索具有显著性差异的微生物群落与灌水器堵塞间的联系，揭示灌水器堵塞的生物诱发机理。

1.3.2 技术路线

本研究针对加气滴灌系统，对比分析了文丘里喷射器和微纳米气泡发生器的产气特征，并研究了两种加气装置下滴灌带内的水气运动特征以及管网水肥气的均匀性，基于上述研究，针对微纳米加气滴灌，深入研究了灌水器堵塞规律与机理，具体技术路线如图 1－5 所示。

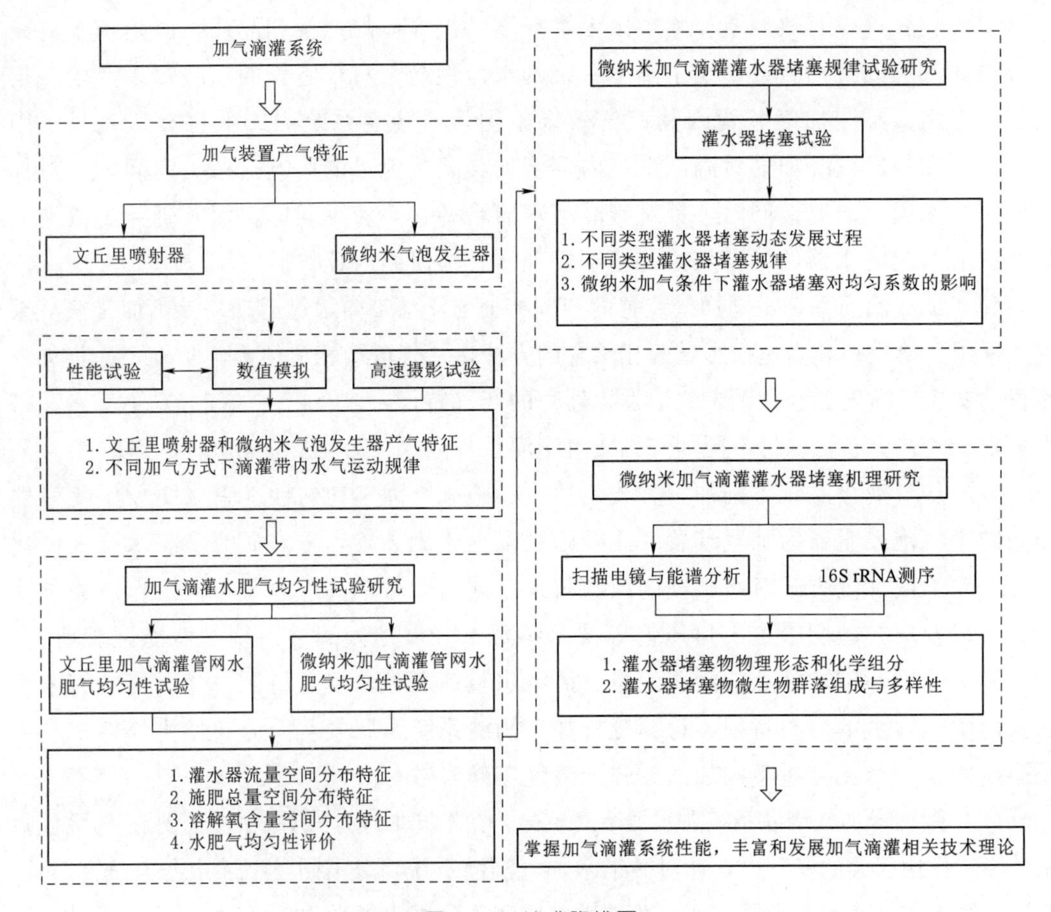

图 1－5　技术路线图

第2章

加气装置产气特征数值模拟与试验研究

加气装置的加气效果与其产气特征密切相关，本章重点研究了文丘里喷射器和微纳米气泡发生器两种典型加气装置的内部流动特性和产气特征，探究不同工况下文丘里喷射器和微纳米气泡发生器的水力性能，并对比分析了两种加气装置下滴灌管网水气分布和运动特征，解析加气滴灌系统水气输送机理，为优化加气滴灌系统水力性能、构建高效调控模式、保障加气滴灌灌水质量和加气效果提供一定的理论依据。

2.1 加气装置内部流动特性

2.1.1 文丘里喷射器内部流动特性

2.1.1.1 数值模拟

1. 湍流控制方程

连续方程微分表达式为

$$\frac{\partial \rho}{\partial t}+\frac{\partial(\rho u_i)}{\partial x_i}=0 \tag{2-1}$$

动量方程微分方程表达式为

$$\frac{\partial(\rho u_i)}{\partial t}+\frac{\partial(\rho u_i u_j)}{\partial x_j}=f_i-\frac{\partial P}{\partial x_i}+\mu\left(\frac{\partial u_i}{\partial x_j}+\frac{\partial u_j}{\partial x_i}\right) \tag{2-2}$$

式中 t——时间，s；

ρ——流体介质密度，kg/m^3；

x_i、x_j——空间坐标分量；

u_i、u_j——流体在 x_i、x_j 方向的速度分量；

f_i——i 方向的体积力分量；

P——静压，Pa；

μ——流体介质动力黏性系数。

2. 湍流模型

本书采用 SST k -ω 湍流模型对文丘里喷射器进行数值计算，采用有限体积法对控制方程进行离散。

SST k -ω 湍流模型的运输方程可以表示为

$$\frac{\partial(\rho k)}{\partial t}+\frac{\partial(\rho k u_i)}{\partial x_i}=\frac{\partial}{\partial x_j}\left[\left(\mu+\frac{\mu_t}{\sigma_k}\right)\frac{\partial k}{\partial x_j}\right]+G_k-Y_k+S_k \tag{2-3}$$

$$\frac{\partial(\rho\omega)}{\partial t}+\frac{\partial(\rho\omega u_i)}{\partial x_i}=\frac{\partial}{\partial x_j}\left[\left(\mu+\frac{\mu_t}{\sigma_\omega}\right)\frac{\partial \omega}{\partial x_j}\right]+G_\omega-Y_\omega+S_\omega+D_\omega \tag{2-4}$$

式中 G_k——湍动能；

G_ω——ω 方程；

Y_k、Y_ω——k、ω 的发散项；

S_k、S_ω——用户定义的源项；

D_ω——正交发散项。

3. 计算建模

以文丘里喷射器（Mazzei A-20 型）为研究对象，采用数值模拟的方法研究其内部流动特性。通过工业 CT 扫描，获得文丘里喷射器内部流道形状与结构参数（图 2-1 和表 2-1），并采用机械设计软件 UG 对文丘里喷射器结构进行 1∶1 参数化建模，然后提取流体运动区域作为计算域，建立数值计算数学模型如图 2-2 所示，其中各计算工况的边界条件见表 2-2。

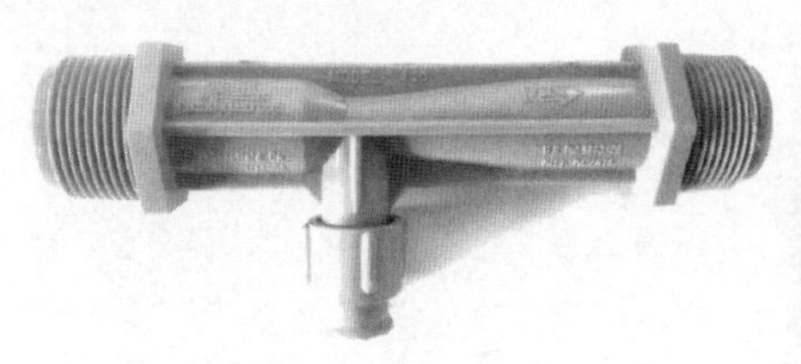

（a）Mazzei A-20型文丘里喷射器

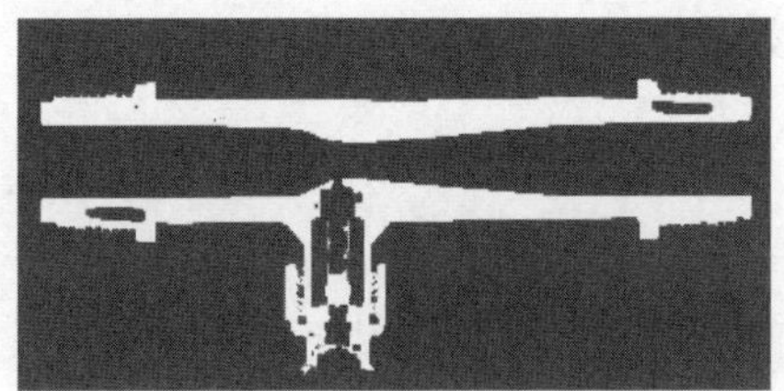

（b）Mazzei A-20型文丘里喷射器内部结构工业CT扫描图

图 2-1 Mazzei A-20 型文丘里喷射器及其内部结构工业 CT 扫描图

表 2-1 Mazzei A-20 型文丘里喷射器关键尺寸等参数表

主要参数	数值	主要参数	数值
进口直径/mm	12.5	收缩角/(°)	41.9
出口直径/mm	11.8	扩散角/(°)	8.8
进气口直径/mm	10.2		

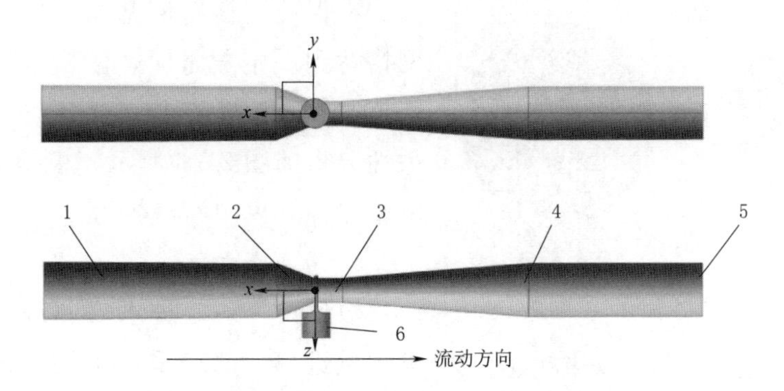

图 2-2 文丘里喷射器三维模型

1—进口段；2—收缩段；3—喉管段；4—扩散段；5—出口段；6—进气口

表 2-2 文丘里喷射器数值计算边界条件工况表

工况	进口流量 /(10^{-1}kg/s)	进气口流量 /(10^{-5}kg/s)	出口压力 /10^4Pa	工况	进口流量 /(10^{-1}kg/s)	进气口流量 /(10^{-5}kg/s)	出口压力 /10^4Pa
1	2.86111	8.41168	3.0	13	4.0	19.3969	5.0
2	2.86111	2.78938	5.0	14	4.0	1.80645	14.0
3	2.86111	1.91179	6.0	15	4.0	0.902987	16.0
4	2.86111	0.59047	7.0	16	4.5	23.5400	6.0
5	3.47222	17.4604	3.6	17	4.5	2.94549	16.0
6	3.47222	13.6492	4.0	18	4.5	2.00478	18.0
7	3.47222	8.49114	5.0	19	4.5	1.32568	20.0
8	3.47222	6.28094	6.0	21	4.94444	25.7761	7.0
9	3.47222	4.59374	7.0	22	4.94444	20.9901	8.0
10	3.47222	2.35483	9.0	20	4.94444	2.93982	20.0
11	3.47222	1.55074	10.0	23	4.94444	2.17280	22.0
12	3.47222	1.17807	11.0	24	4.94444	1.26557	24.0

4. 网格划分

采用 ANSYS ICEM 软件对文丘里喷射器进行结构化网格化分，并对边界层及喉管等局部特征结构进行加密处理。文丘里喷射器结构化网格如图 2-3 和图 2-4 所示，网格质量均大于 0.6，网格质量如图 2-5 所示。

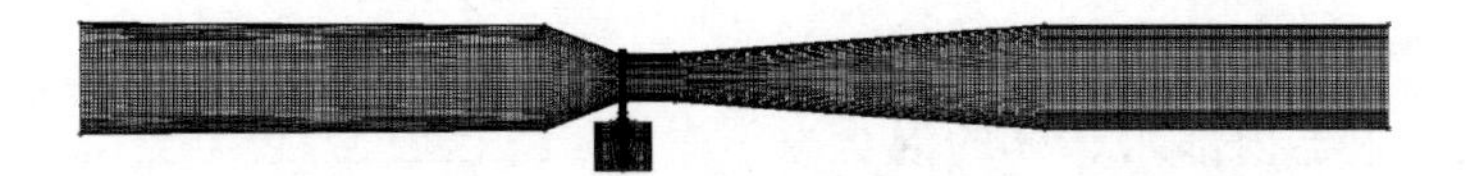

图 2-3 文丘里喷射器整体结构化网格

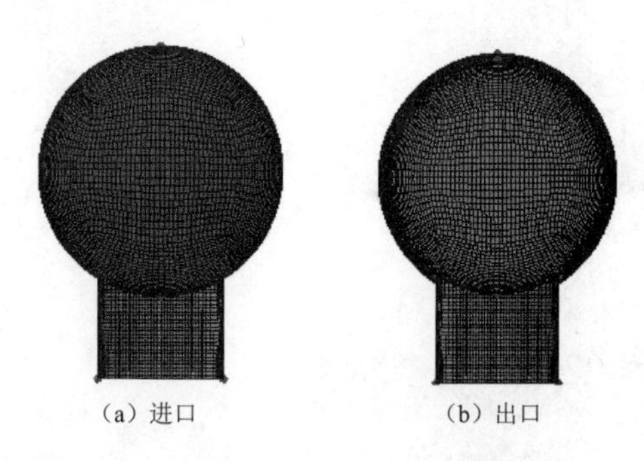

图2-4 文丘里喷射器局部结构化网格

在保证网格密度基本相同的情况下，当网格达到一定数量时，网格数量对计算压差数值基本不产生影响。文丘里喷射器网格无关性分析如图2-6所示，根据分析结果，确定整体计算模型网格数为941146。

5. 边界条件

数值计算时，进水口和进气口均采用质量流量进口，出口采用平均静压出口。固体边界采用无滑移边界条件，在近壁区采用标准壁面函数。湍动能 k 及耗散率 ε 的收敛精度设为 10^{-6}。

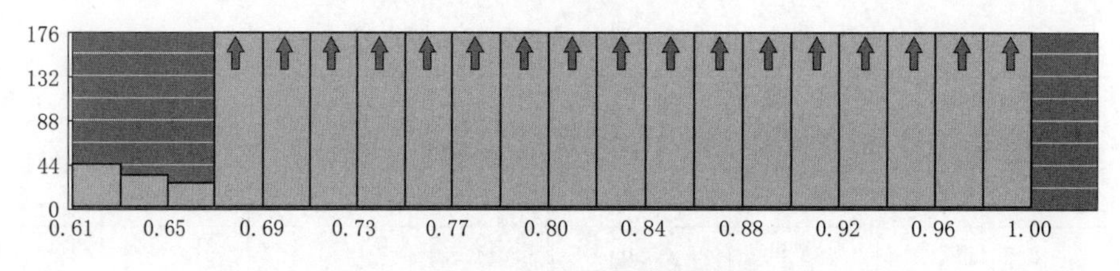

图2-5 文丘里喷射器结构化网格质量

6. 计算公式

根据数值计算得到压差 h_f 的计算公式为

$$h_f = E_1 - E_2 = \left(\frac{p_1}{\rho g} - \frac{p_2}{\rho g}\right) + (Z_1 - Z_2) + \left(\frac{u_1^2}{2g} - \frac{u_2^2}{2g}\right) \tag{2-5}$$

式中 E_1、E_2——文丘里喷射器进口、出口处的总能量；

p_1、p_2——文丘里喷射器进口、出口压力，Pa；

Z_1、Z_2——文丘里喷射器进口、出口中心的水平高度，m；

u_1、u_2——文丘里喷射器进口、出口的平均速度，m/s；

ρ——流体介质密度，kg/m^3；

g——重力加速度，m/s^2。

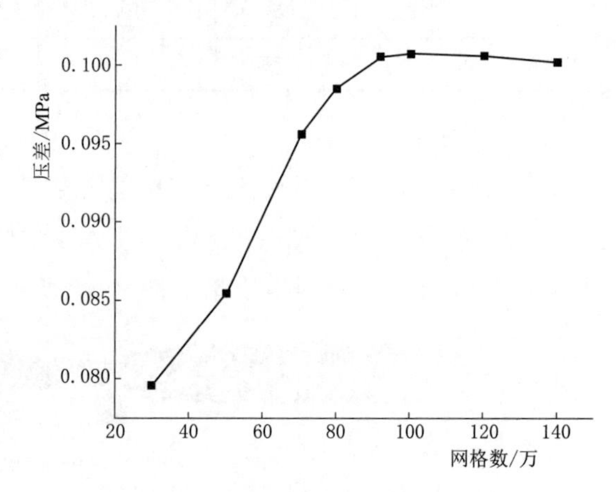

图2-6 文丘里喷射器网格无关性分析

2.1.1.2 对比试验

为验证数值模拟的准确性，并进一步研究文丘里喷射器内部水、气的混合流动特征，对 Mazzei A-20 型文丘里喷射器开展性能试验。因此试验设置了不同水平的进出口压差作为文丘里喷射器试验工况。试验时，在同一进口压力下，逐步调节文丘里喷射器的出口压力，直至不再吸气为止。试验分别根据不同进口压力设置不同压差，其中，进口压力设置0.10MPa、0.15MPa、0.20MPa、0.25MPa、0.30MPa 5个水平，进出口压差分别按0.01MPa、0.02MPa递减，试验方案见表2-3。

试验在中国农业科学院农田灌溉研究所水利部节水灌溉设备质量检测中心的喷灌大厅内进行（下同），试验装置如图2-7所示。其中，试验采用离心泵（流量30m^3/h，扬程60m）供水，分别采用精密压力表（量程0.4MPa，精度0.4级）和涡轮流量计（LWGY-15，测量精度0.5级，天津仪表集团有限公司）测量文丘里喷射器进出口压力和通过流量，并采用面板式转子流量计（余姚市金泰仪表有限公司，量程0～20L/min，精度0.4级）测量进气量。试验时，通过调节文丘里喷射器上下游阀门控制其进出口压力，试验水源采用地下水。

表2-3　文丘里喷射器试验方案

进口压力/MPa	进出口压差/MPa
0.10	0.01
0.15	
0.20	
0.25	0.02
0.30	

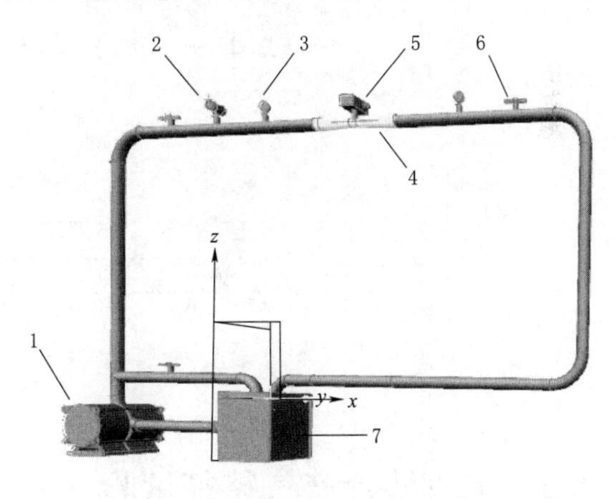

图2-7　文丘里喷射器性能测试平台
1—离心泵；2—涡轮流量计；3—压力表；4—文丘里喷射器；5—转子流量计；6—阀门；7—水箱

2.1.2　微纳米气泡发生器内部流动特性

以微纳米气泡发生器（XZCP-K，云南夏之春环保科技有限公司）为研究对象，采用数值模拟的方法研究其出水管内部流动特性。数值模拟方法与文丘里喷射器相同，为了保证计算的准确性，在建立模型时适当加长了出水管长度，加长处理后的出水管结构参数为：直径25mm，长度为1500mm，采用UG软件构建出水管三维模型，如图2-8所示，各计算工况的边界条件见表2-4。由于微纳米气泡发生器出水管为长直圆管，结构简单，根据相关学者的研究成果本书选择55万网格数，在保证边界层的前提下完全能满足计算要求。出水管网格如图2-9所示，网格质量如图2-10所示。

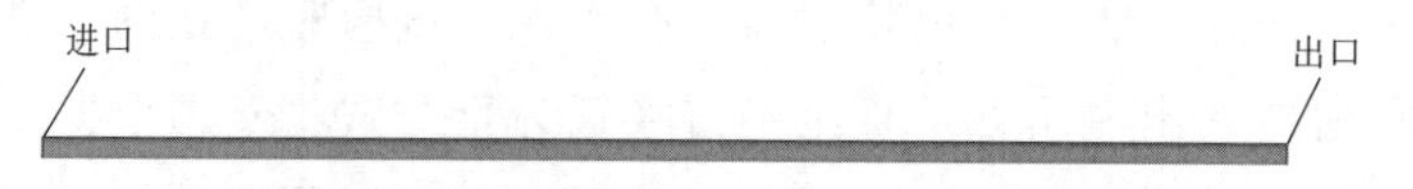

图2-8　微纳米气泡发生器出水管三维模型

表2-4　微纳米气泡发生器出水管数值计算边界条件工况表

工况	进口流量 /(10^{-1}kg/s)	进气口流量		出口压力 /10^4Pa
		10^{-1}kg/s	L/min	
1	4.46667	6.465	3	10
2	4.46667	12.93	6	10
3	4.46667	19.395	9	10

图2-9　微纳米气泡发生器出水管结构化网格

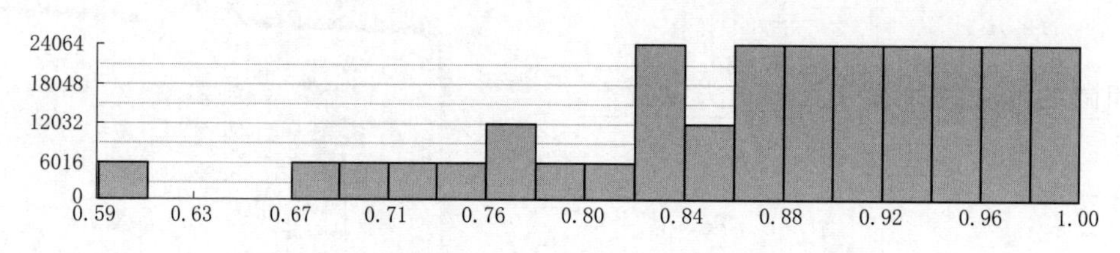

图2-10　微纳米气泡发生器出水管结构化网格质量

2.2　加气装置产气特征试验

2.2.1　试验装置

加气滴灌系统高速摄影试验装置如图2-11所示。其中，文丘里喷射器的动力系统采用智能变频恒温恒压水箱（河北可道试验机科技有限公司），水箱外接网式过滤器（Arkal 1 1/2”，120目），以过滤水中杂质，防止被测滴灌带灌水器堵塞，影响试验结果。选用Mazzei A-20型文丘里喷射器作为加气装置，并联安装在主管道上，并在进出口处安装精密压力表（上海自动化仪表有限公司，量程0.4MPa，精度0.4级），用于测量文丘里喷射器进出口压力，同时采用面板式转子流量计（余姚市金泰仪表有限公司，量程0～20L/min，精度0.4级）测量进气量。微纳米气泡发生器出水口直接连接试验管路，试验管路安装被测滴灌带。文丘里喷射器和微纳米气泡发生器出水管均采用透明有机玻璃进行1：1可视化处理，滴灌带选用定制透明滴灌带（额定流量2L/h，滴头间距0.2m），呈水平铺设，试验水源为地下水。

2.2.2 试验方法

2.2.2.1 加气装置产气特征

试验因素和水平与数值模拟相同，试验时首先调节加气装置所需试验工况，待运行稳定后，采用高速摄像机（FASTCAM Mini AX100，Photron，日本）分别拍摄文丘里喷射器和微纳米气泡发生器出水管处水气混合和运动过程，拍摄速度为12500fps。

2.2.2.2 不同加气方式下滴灌带内部流动特性

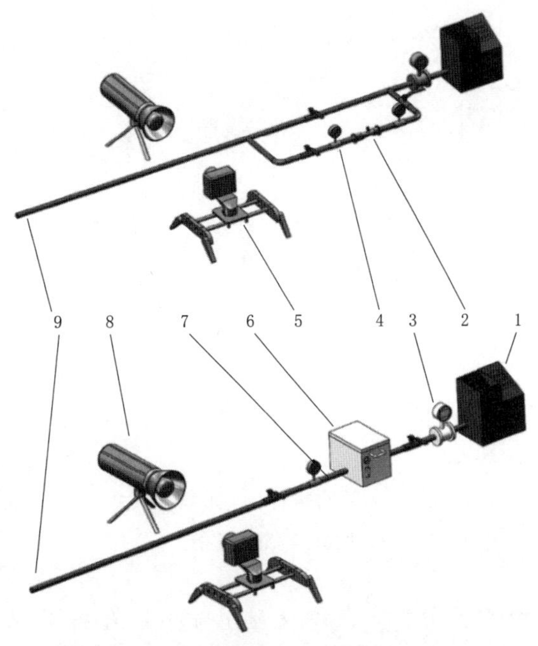

图2-11 加气滴灌系统高速摄影试验装置

1—智能变频恒温恒压水箱；2—文丘里喷射器；3—流量计；4—压力表；5—高速摄像机；6—微纳米气泡发生器；7—出水管；8—光源；9—滴灌带

试验考虑滴灌系统不同加气装置和滴头朝向2个因素，其中，分别采用文丘里和微纳米2种加气方式，滴头设置朝上和朝下2个水平，根据滴灌工程常用的工作参数，系统工作压力设置0.1MPa，滴灌带铺设长度设置100m，加气流量设置3L/min。分别在两种加气装置出口处设置2个观测点，用于观察不同加气装置的产气特征。同时按照均布原则沿滴灌带设置6个观测点，用于观察不同条件下滴灌带内部不同位置水、气的分布变化特征，以便更好地理解水、气在滴灌带中的传输过程。试验方案见表2-5。

表2-5 试验方案

加气方式	管网压力	加气流量	滴灌带铺设长度	滴头朝向
微纳米加气	0.1MPa	3L/min	100m	上
文丘里加气				下

试验时，首先向管网通水，待系统运行10min后，按试验要求打开加气装置，并调节相应技术参数，再次运行20min后，待系统稳定，采用高速摄像机分别在各观测位置拍摄水气混合和运动过程，拍摄速度为12500fps。

2.3 结果与分析

2.3.1 文丘里喷射器内部流动特性

2.3.1.1 水力特性

对文丘里喷射器各运行工况下流量—水力损失进行数值预测，各运行工况下试验

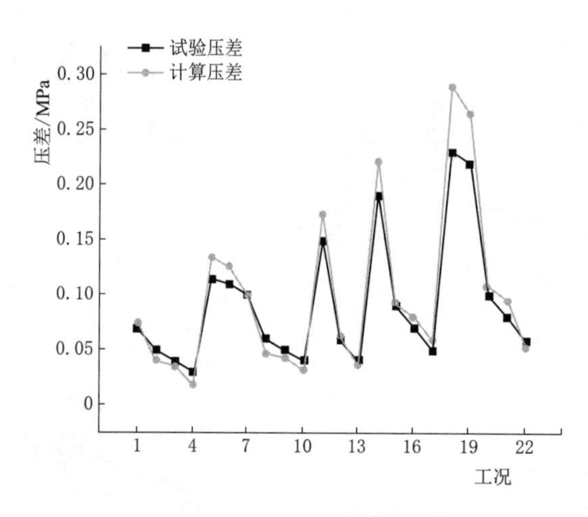

图 2-12　各运行工况下试验与计算压差对比曲线

与计算压差对比曲线如图 2-12 所示。通过试验和数值计算水力特性对比分析可以得出试验和数值计算误差在 5%以内，数值计算结果可信。

2.3.1.2　文丘里喷射器内流场分析

在文丘里喷射器的工作过程中，根据其工作原理，进出口压差直接决定了吸气流量的大小，而文丘里喷射器的工作流量又决定了进口压力。因此，不同的工作流量下，进出口压差的不同会导致文丘里喷射器内部流动特性的差异，从而直接影响到文丘里喷射器的性能。根据计算结果选取大压差和小压差工况进行对比分析，获得文丘里喷射器在各工况下整体流线、压力分布和气泡分布如图 2-13～图 2-22 所示。研究发现，在进口压力 P_1=0.10MPa 的大压差条件下，如出口压力 P_2=0.03MPa（图 2-13）时，文丘里喷射器进水口流态递变均匀，出口段流态较为紊乱，存在大尺度回流，回流区域发生在靠近边壁位置，占据了扩散段 2/3 和出口段的 1/2 区域。主流发生偏射现象，流态较差，水力损失大；通过静压云图可以看出收缩段压力递变均匀，喉管段存在较大面积的低压区，压能回收效果较差，这也进一步说明了该处区域水力损失较大；通过等值空泡面可以发现气泡主要分布在出水部分，且与主流形态类似，说明气泡随着主流的运动而运动，主流的情况决定着气泡的分布。而当小压差条件下 P_2=0.07MPa（图 2-14）时，可以发现，出口段主流流线较为均匀，流态理想，水力损失较小；喉管段低压区也进一步减小，此时静压分布递变也最为均匀；气泡在文丘里喷射器内均匀地分布在主流区域，且形状与内部流道的形状相似。通过分析可以得到文丘里喷射器的加气特性存在最优工况，气泡分布不均匀，流态对其分布起到决定性的作用。

进口压力 P_1=0.15MPa 时，各压差条件下文丘里喷射器的内部流动如图 2-15、图 2-16 所示。由图可知，在大压差工况 P_2=0.036MPa（图 2-15），文丘里喷射器进口段流态递变均匀，而水气混合后整体流态较差，水力损失较大，主流主要集中于中轴线附近。对于小压差工况 P_2=0.09MPa（图 2-16），文丘里喷射器流线分布最为理想，均匀度较好，不存在大尺度的回流，整体流态得到了明显的改善；由于出口压力的增大，喉部低压区域明显减少，压能回收效果较好；气泡分布依然伴随主流流动，其中 P_2=0.09MPa 时气泡的分布均匀，文丘里喷射器效用理想。

图 2-17、图 2-18 为进口压力 P_1=0.20MPa 时，各计算工况下文丘里喷射器内

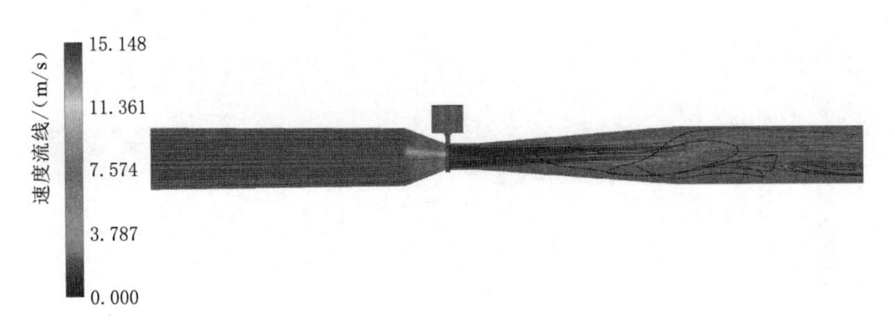

(a) 流线图

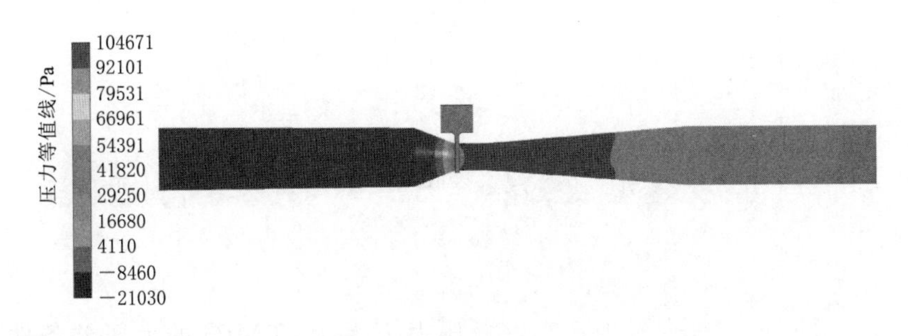

(b) 压力云图

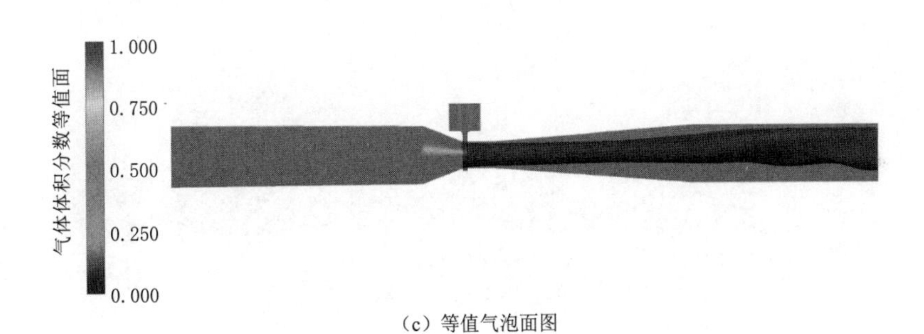

(c) 等值气泡面图

图 2-13 P_1=0.10MPa，P_2=0.03MPa 工况下文丘里喷射器内部流场

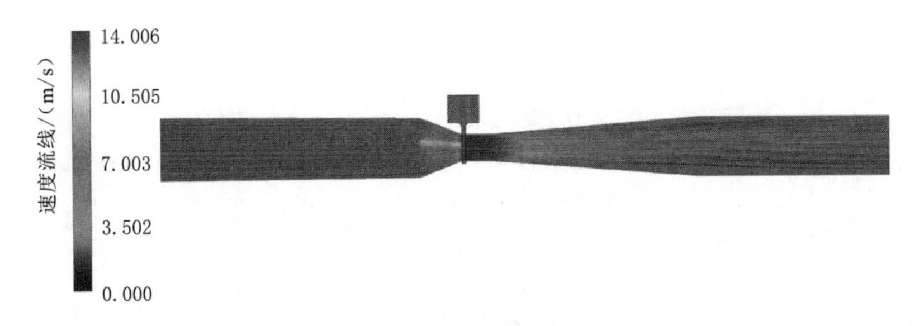

(a) 流线图

图 2-14（一） P_1=0.10MPa，P_2=0.07MPa 工况下文丘里喷射器内部流场

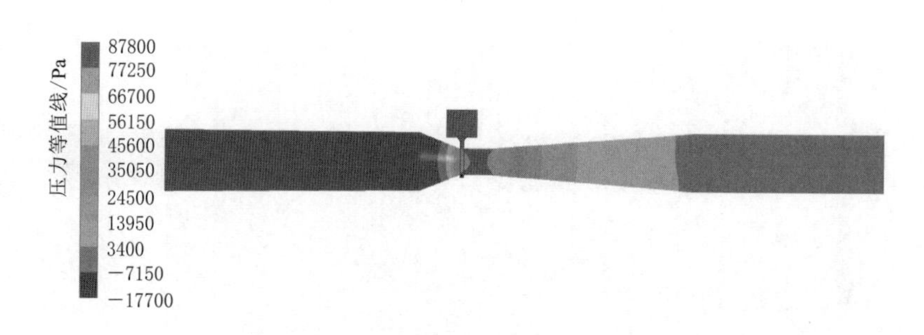

(b) 压力云图

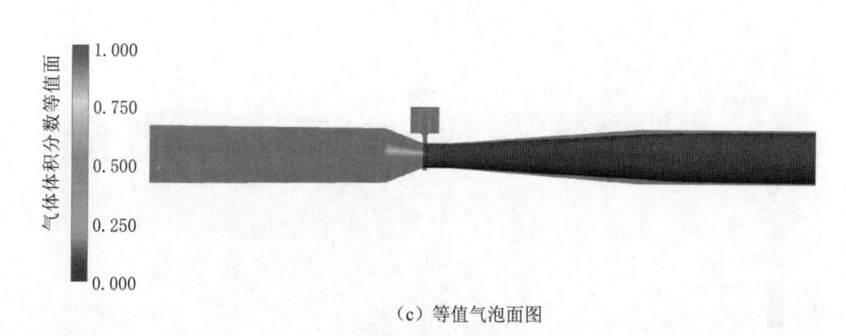

(c) 等值气泡面图

图 2-14（二） P_1=0.10MPa，P_2=0.07MPa 工况下文丘里喷射器内部流场

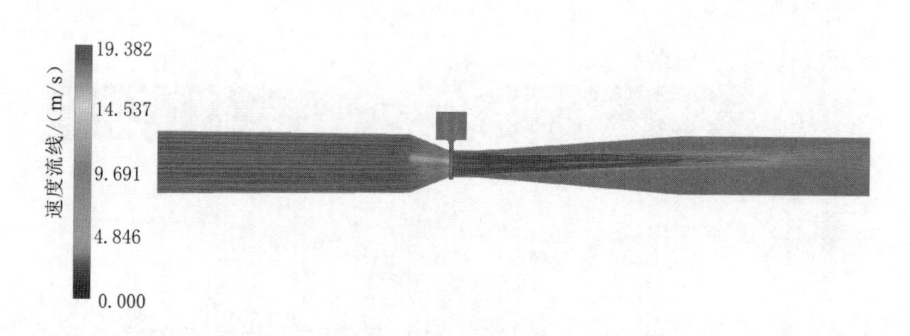

(a) 流线图

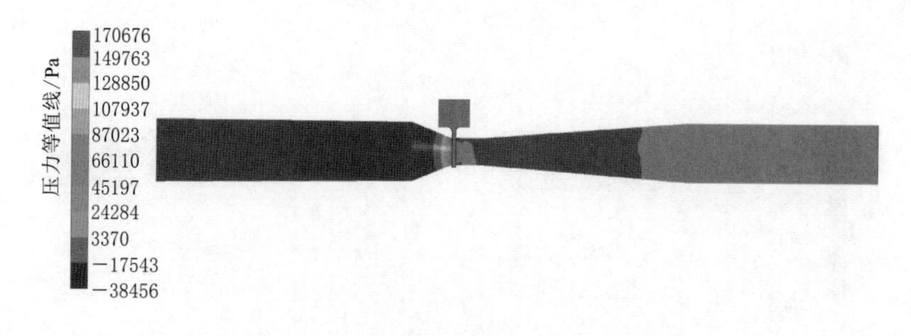

(b) 压力云图

图 2-15（一） P_1=0.15MPa，P_2=0.036MPa 工况下文丘里喷射器内部流场

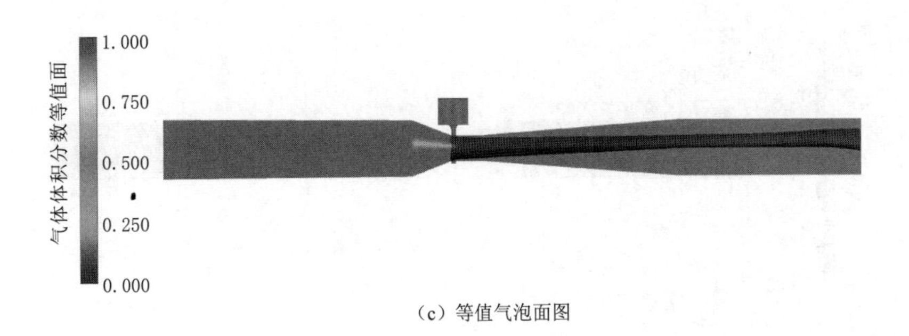

（c）等值气泡面图

图 2-15（二） $P_1=0.15$MPa，$P_2=0.036$MPa 工况下文丘里喷射器内部流场

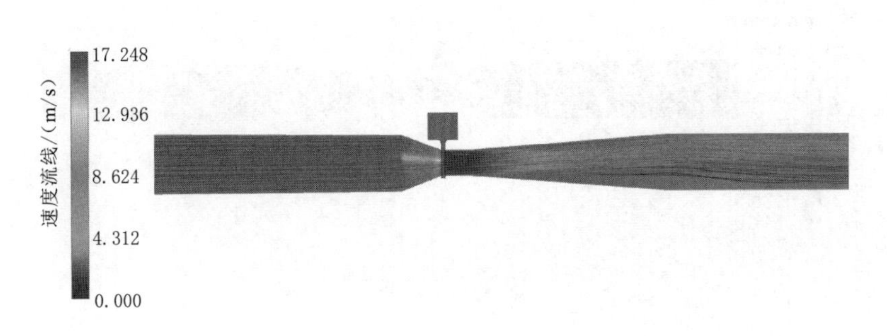

（a）流线图

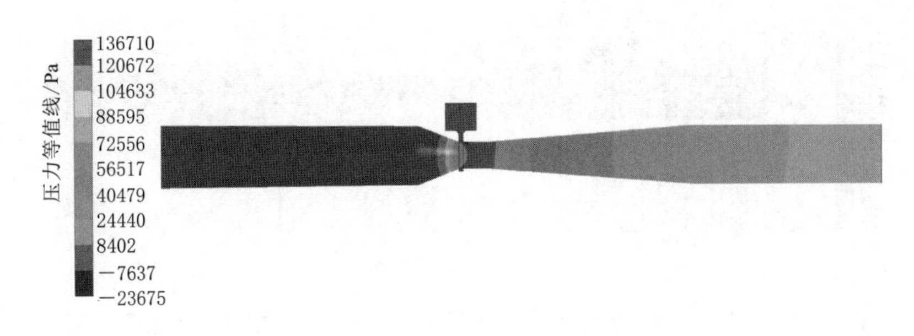

（b）压力云图

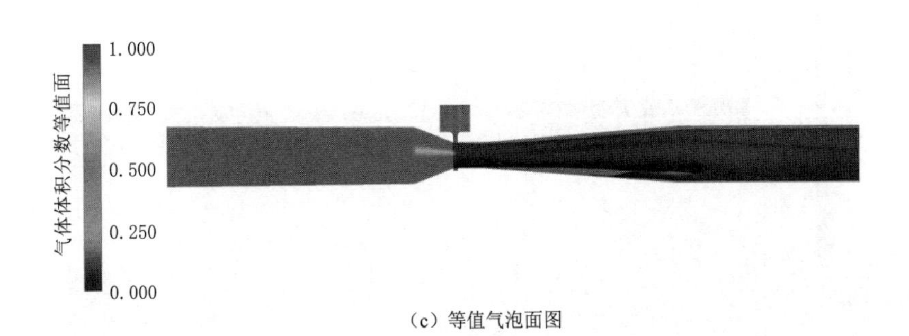

（c）等值气泡面图

图 2-16 $P_1=0.15$MPa，$P_2=0.09$MPa 工况下文丘里喷射器内部流场

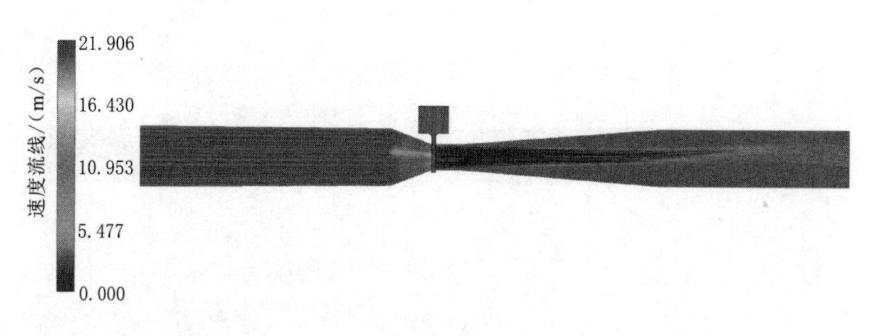

(a)流线图

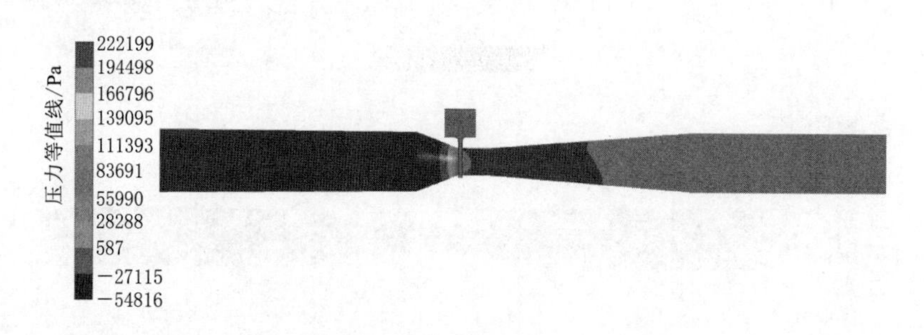

(b)压力云图

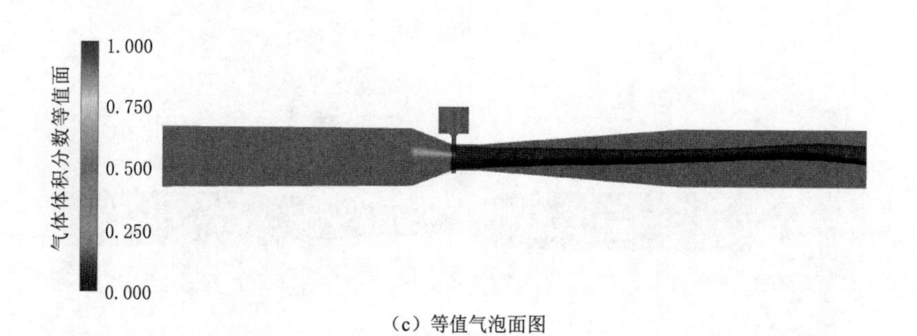

(c)等值气泡面图

图2-17　$P_1=0.20\text{MPa}$，$P_2=0.05\text{MPa}$工况下文丘里喷射器内部流场

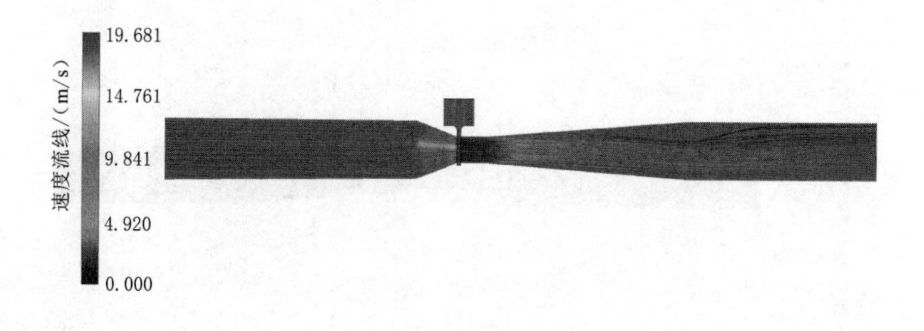

(a)流线图

图2-18(一)　$P_1=0.20\text{MPa}$，$P_2=0.16\text{MPa}$工况下文丘里喷射器内部流场

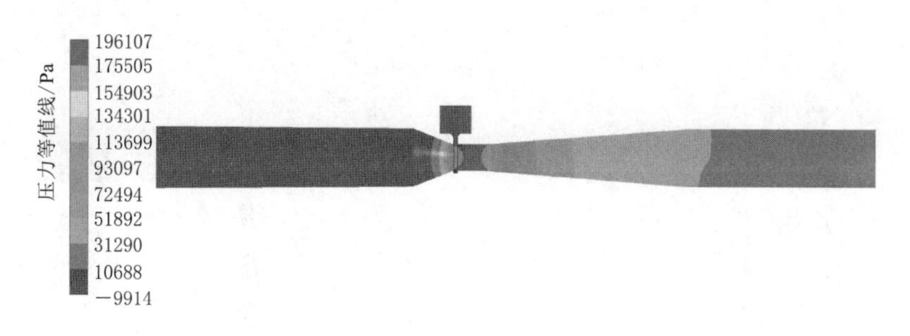

（b）压力云图

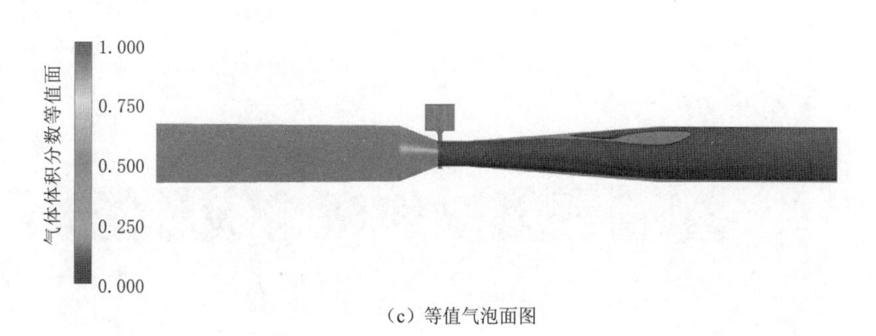

（c）等值气泡面图

图 2-18（二） $P_1=0.20$MPa，$P_2=0.16$MPa 工况下文丘里喷射器内部流场

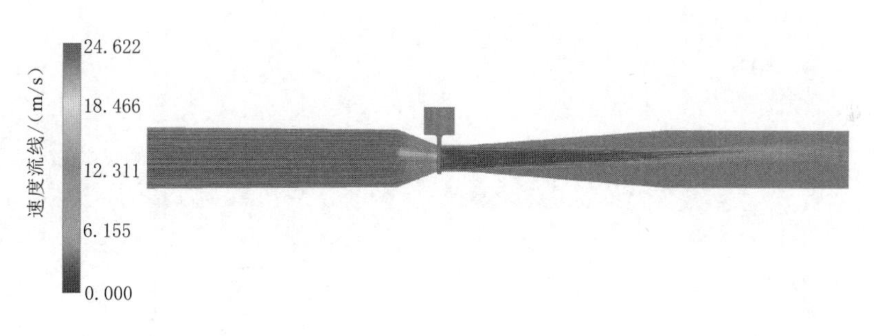

（a）流线图

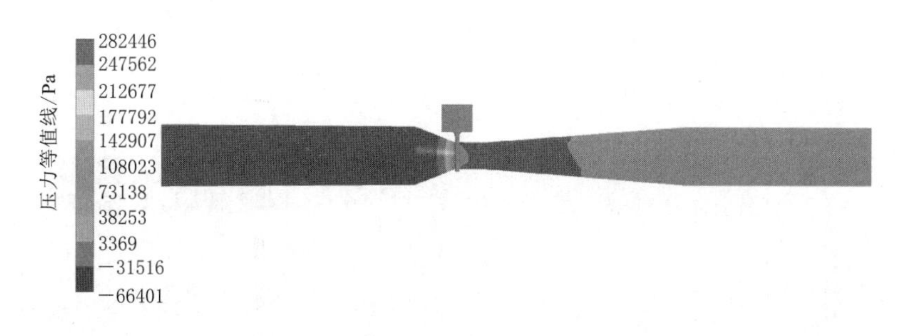

（b）压力云图

图 2-19（一） $P_1=0.25$MPa，$P_2=0.06$MPa 工况下文丘里喷射器内部流场

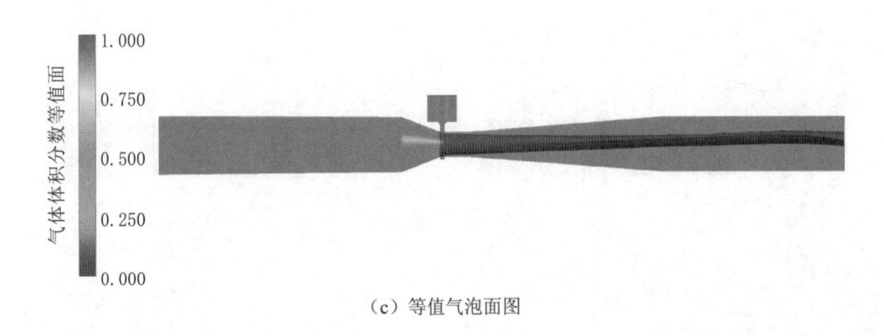

（c）等值气泡面图

图2-19（二） $P_1=0.25$MPa，$P_2=0.06$MPa工况下文丘里喷射器内部流场

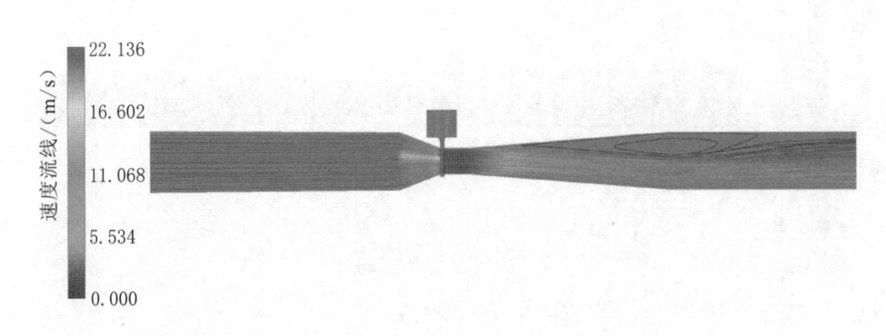

（a）流线图

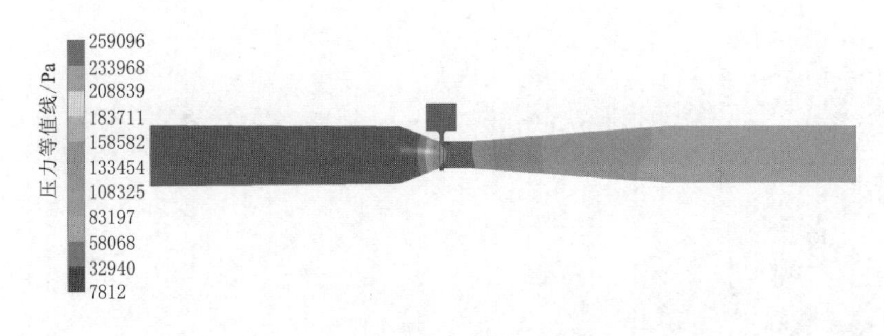

（b）压力云图

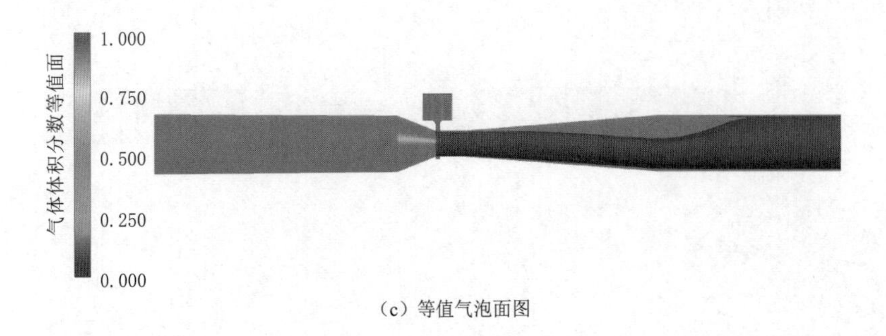

（c）等值气泡面图

图2-20 $P_1=0.25$MPa，$P_2=0.20$MPa工况下文丘里喷射器内部流场

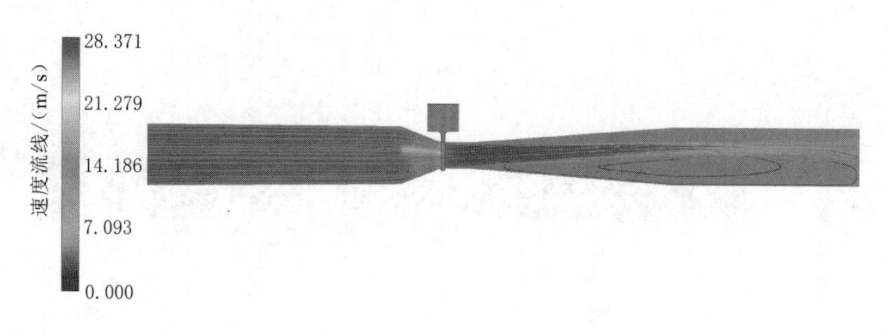

(a) 流线图

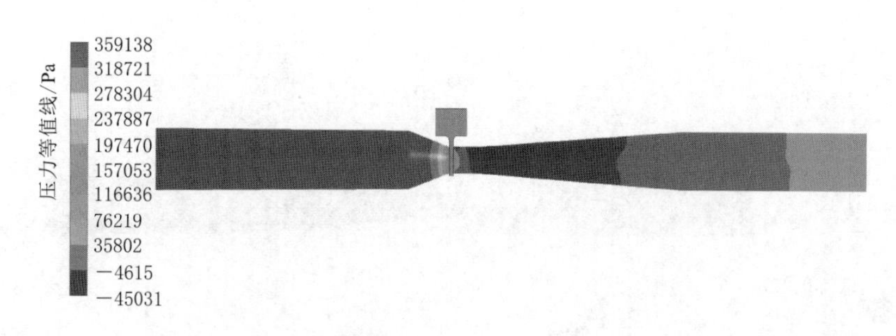

(b) 压力云图

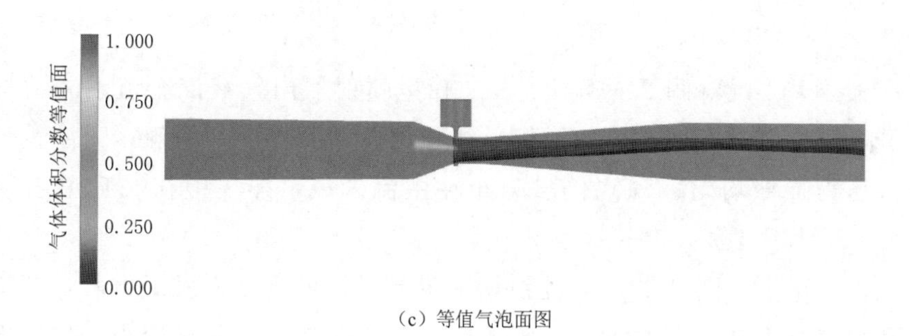

(c) 等值气泡面图

图 2-21　$P_1=0.30$MPa，$P_2=0.07$MPa 工况下文丘里喷射器内部流场

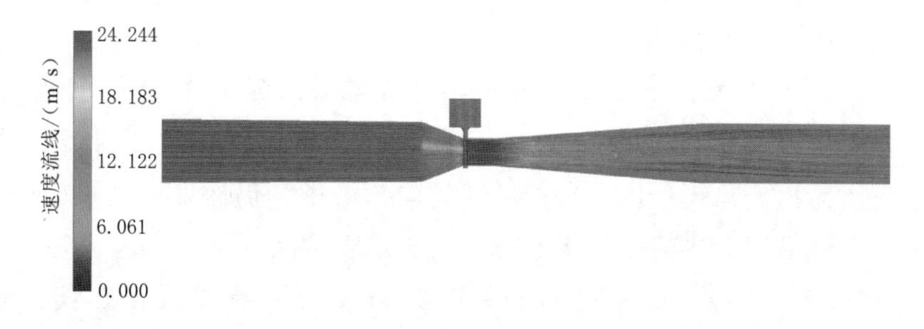

(a) 流线图

图 2-22 (一)　$P_1=0.30$MPa，$P_2=0.24$MPa 工况下文丘里喷射器内部流场

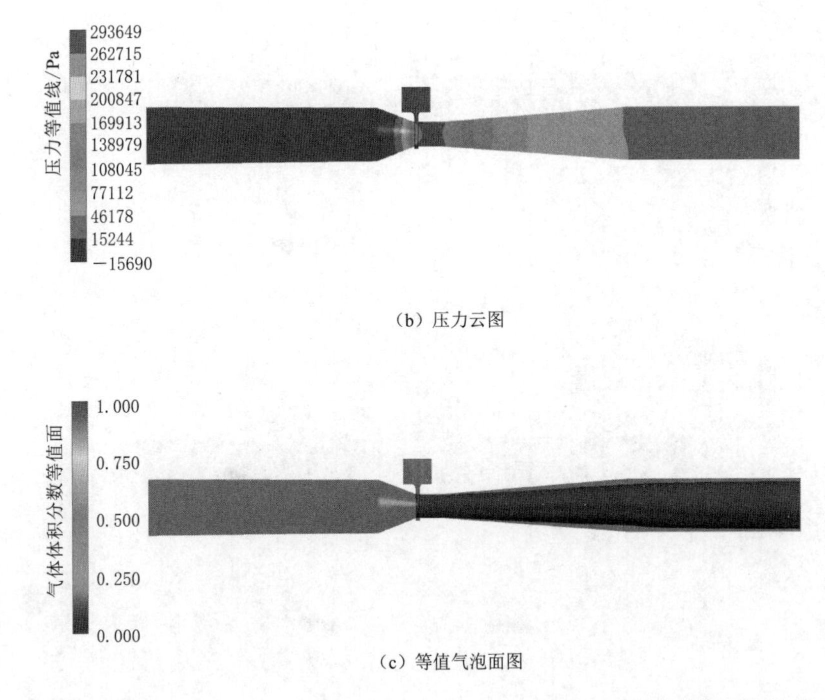

(b) 压力云图

(c) 等值气泡面图

图 2-22（二） P_1=0.30MPa，P_2=0.24MPa 工况下文丘里喷射器内部流场

部流场。在大压差工况（图 2-17）下，文丘里喷射器内气液混合流动主流均集中在中轴线区域，整体流态有所改善，无偏流和回流现象的出现；而静压云图也显示文丘里喷射器内压力递变均匀；气泡仍然分布在主流区域，即集中在文丘里喷射器中部区域。

在小压差工况下（图 2-18），流线明显沿着扩散段下壁面发生偏斜，产生射流冲击扩散段和出口段下部。而喉管处低压区相对于高压差工况明显变小，均匀度有所抬升；气泡分布依然与主流相似，沿主流偏到出水管的下部，出口部分又逐渐充满管道截面。随着压差的减小，气泡分布有所改善，在出口压力为 P_2=0.16MPa 时，气泡在扩散段和出口段形成 U 形区域。

进口压力 P_1=0.25MPa 时，文丘里喷射器内部流场如图 2-19、图 2-20 所示。可以看出，在大压差工况下（图 2-19），流线仍然集中在文丘里喷射器中轴线附近，流态不理想，水力损失较大；压力梯度递变均匀，低压区仍然发生在喉管段，压能回收效果较差；气泡沿着主流流线，集中分布在出水管中间区域。

而小压差工况（图 2-20），在 P_2=0.20MPa 时，流线既存在偏流现象，也存在大尺度的回流，回旋区域在主流的对立面，偏向文丘里喷射器上部，在扩散段和出口段交界处有涡形成，整体流态较差，回流区域几乎占扩散段和出口段的 1/2 区域，流体沿着扩散段下部倾斜进入出口段；低压区域位置不变，仍然为喉管段，压能回收效果变差，气泡分布沿主流偏向文丘里喷射器下部，文丘里喷射器效用发挥不理想。随着出口压力 P_2 增大，压差减小（图 2-20），主流仍然存在偏流现象，主流偏向出水管的下部，在扩散段和出口段的回流尺度明显减小，整体流态有所改善；气泡沿主流偏向文丘里喷射器的下部分布，并在出口段充满了整个截面。

图 2-21、图 2-22 为进口压力 P_1=0.30MPa 时，文丘里喷射器的内部流场图。其中，大压差工况（图 2-21），文丘里喷射器流态递变不均匀，主流集中在中间区域，流态不理想，水力损失大，在扩散段和出口段下部存在大尺度的回流，相比较于其他工况，整体流态变差很多，主流分布太集中在文丘里喷射器的中部区域；压力梯度变化和气泡分布与其他大压差工况类似，主要表现为压力变化集中在喉管段，压力递变不均匀，压能回收效果较差，水力损失大；气泡分布与主流形态类似，集中分布在出水管中间区域。

小压差工况（图 2-22），随着压差减小，水流在扩散段和出口段仍然存在偏流现象，主流偏向出水管的下部，但不存在大尺度的回流，整体流态有所改善，当出口压力 P_2=0.24MPa 时，水流不在发生偏流现象，整体流态较好，水力损失小；低压区仍然在喉管处，但压力梯度均匀性有所改善。气泡沿主流分布，在 P_2=0.24MPa 时，分布较为理想。

2.3.2 微纳米气泡发生器内部流动特性

图 2-23 为进气量 Q=3L/min 时微纳米气泡发生器出水管内部流场，从图中可以看出微纳米气泡发生器产生的气泡在管道中均匀分布，压力递变均匀，压头逐渐降低，符合流体动力学理论。因进水流量 1.608m^3/h，进气量 6L/min 和进水流量 1.608m^3/h，进气量 9L/min 内流场分布与进水流量 1.608m^3/h，进气量 3L/min 相似，本书就不再列举图片和分析。

图 2-23 进气量 Q=3L/min 时微纳米气泡发生器出水管内部流场

2.3.3 加气装置的产气特征

不同加气装置的产气特征对比如图 2-24、图 2-25 所示。可以看出，空气卷吸进入文丘里喷射器，在喉部形成气泡，气泡在流体通道内分布不均匀，随水流的运动

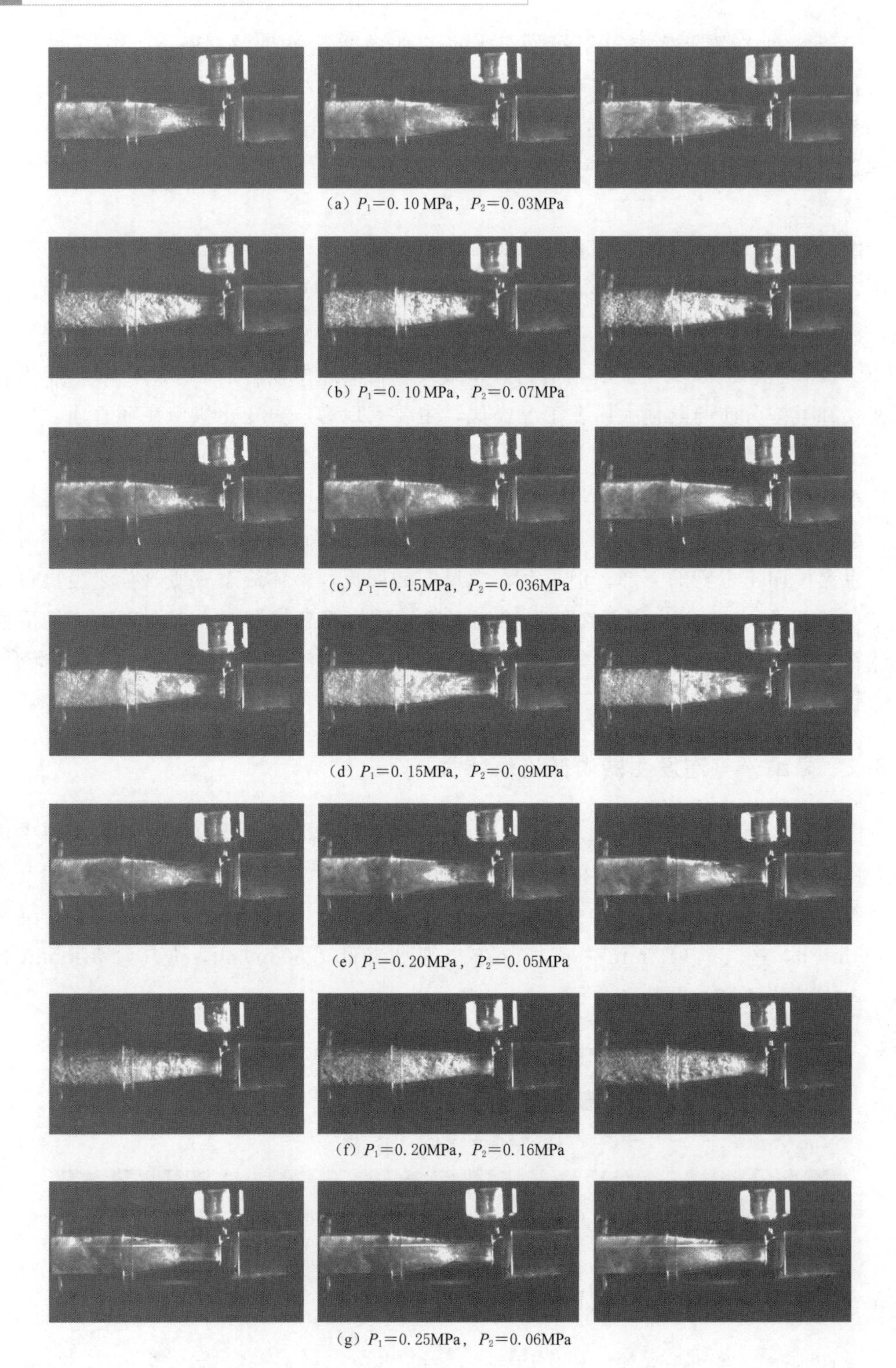

（a）P_1=0.10MPa，P_2=0.03MPa

（b）P_1=0.10MPa，P_2=0.07MPa

（c）P_1=0.15MPa，P_2=0.036MPa

（d）P_1=0.15MPa，P_2=0.09MPa

（e）P_1=0.20MPa，P_2=0.05MPa

（f）P_1=0.20MPa，P_2=0.16MPa

（g）P_1=0.25MPa，P_2=0.06MPa

图2-24（一） 不同工况下文丘里喷射器产气效果

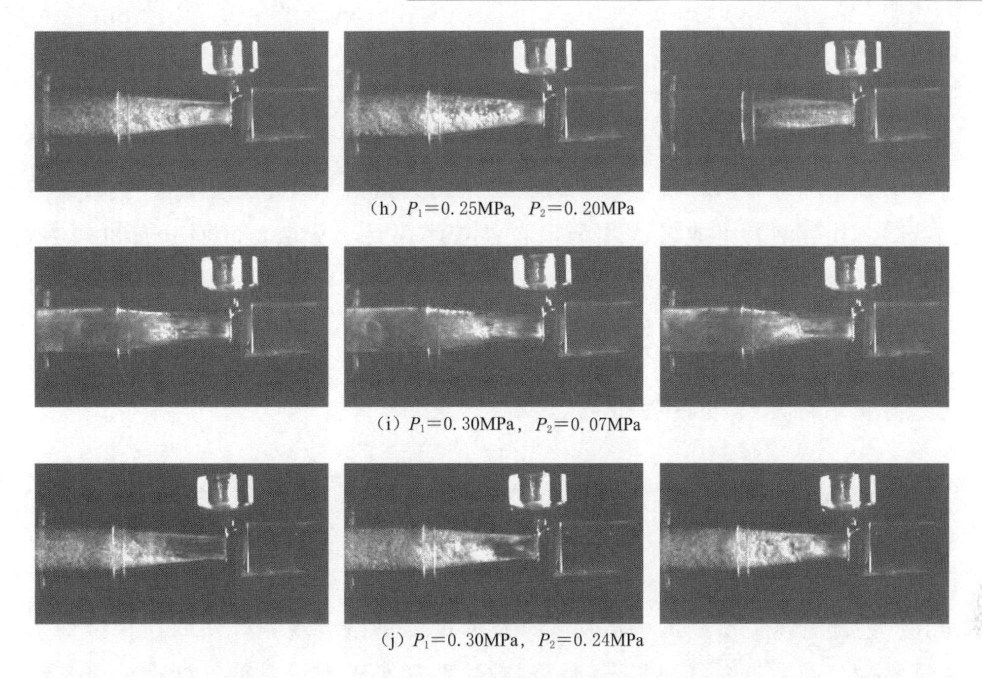

(h) P_1=0.25MPa, P_2=0.20MPa

(i) P_1=0.30MPa, P_2=0.07MPa

(j) P_1=0.30MPa, P_2=0.24MPa

图 2-24（二） 不同工况下文丘里喷射器产气效果

(a) Q =3L/min

(b) Q=6L/min

(c) Q =9L/min

图 2-25 不同工况下微纳米气泡发生器产气效果

而运动，存在旋涡和不良流态；微纳米气泡发生器产生的微纳米气泡在管道中呈乳白色均匀分布，夹杂着少量的毫米级气泡，而文丘里喷射器产生的气泡体积明显大于微纳米气泡，其运动和分布均肉眼可见，且在管道中分布紊乱。

文丘里喷射器产生的气泡在大压差时粒径较小，在小压差时粒径较大，各工况下分布均不均匀，流态对气泡的分布起到决定性的作用，这主要是因为低压吸入式气泡，垂直侧向进气，气泡随压而动，故分布混乱；微纳米气泡发生器产生的微纳米气泡在流体中各工况分布均比较均匀，这主要是因为微纳米气泡发生器产生的微纳米气泡为机械制造式气泡，生成较为均匀，粒径较小，易于分散，故而分布也较为均匀。进气流量较小时，微纳米级气泡占主导地位，其产气效果较好，当进气量较大时，微纳米气泡数量减小，气泡尺寸增大，分布趋于混乱。

2.3.4 滴灌带内水气混合特征

不同试验组滴灌带沿程水气分布如图2-26～图2-29所示。由图可知，水、气在滴灌带内的分布规律与加气方式、滴头出口朝向以及在滴灌带中的运动距离密切相关。整体来看，文丘里喷射器产生的气泡体积较大，在滴灌带中可清晰观察到气泡运动状态，气泡随着水流沿滴灌带运动，并伴有明显的融合现象。然而，在微纳米加气滴灌的试验中，滴灌带内可观察到的气泡数量明显小于文丘里加气处理。研究认为这是因为试验中微纳米气泡发生器产生的气泡粒径为200nm～4μm，如此小的尺寸很难通过肉眼观测。由于微纳米气泡在水中出色的稳定特性，可以在水中存留很长时间，不容易发生气泡的融合与逸出现象。但是，在图2-26、图2-27中可以发现滴灌带

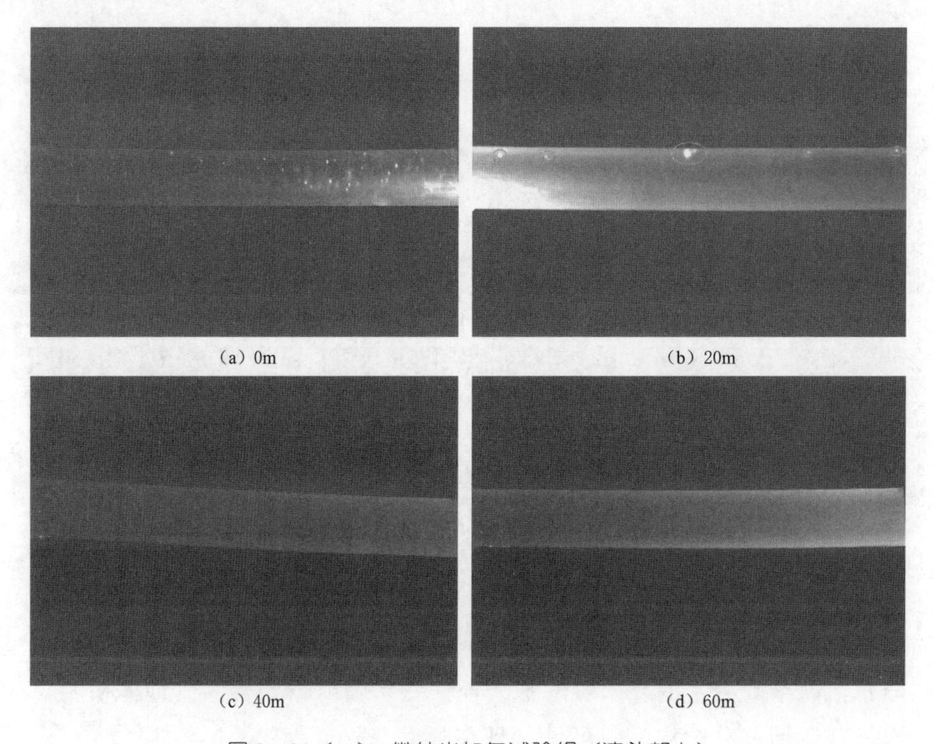

(a) 0m　(b) 20m　(c) 40m　(d) 60m

图2-26（一）　微纳米加气试验组（滴头朝上）

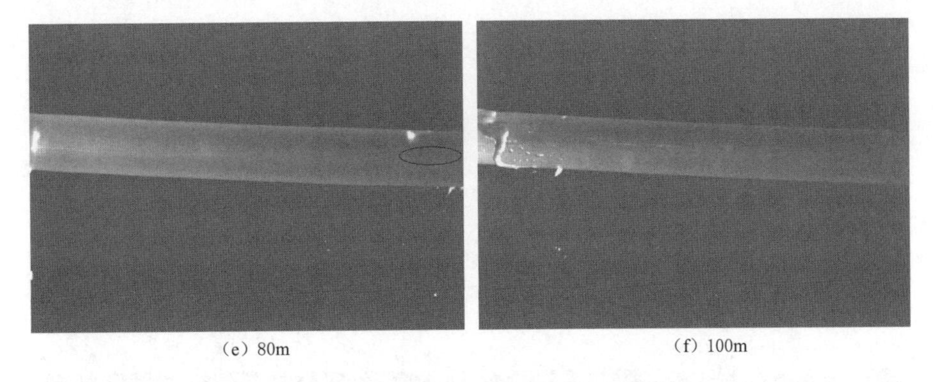

(e) 80m　　(f) 100m

图 2-26（二） 微纳米加气试验组（滴头朝上）

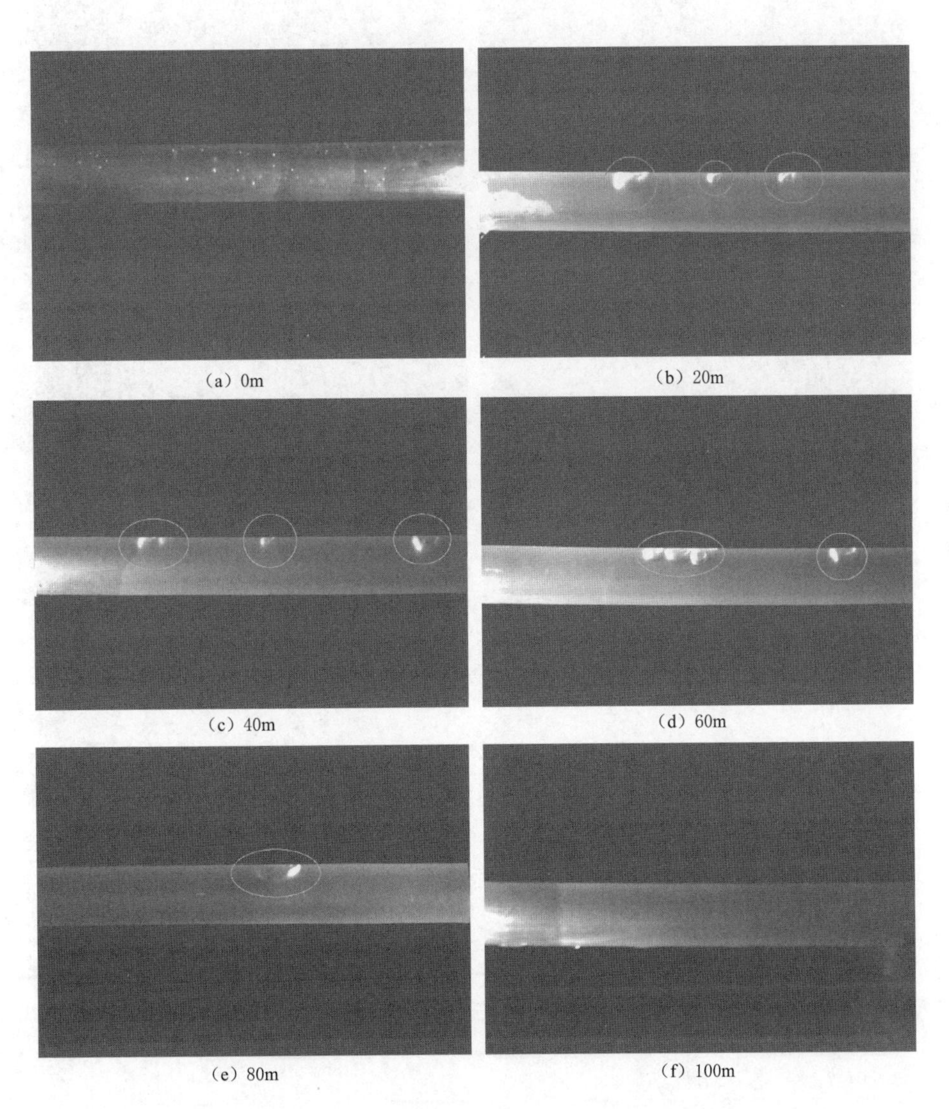

(a) 0m　　(b) 20m

(c) 40m　　(d) 60m

(e) 80m　　(f) 100m

图 2-27 微纳米加气试验组（滴头朝下）

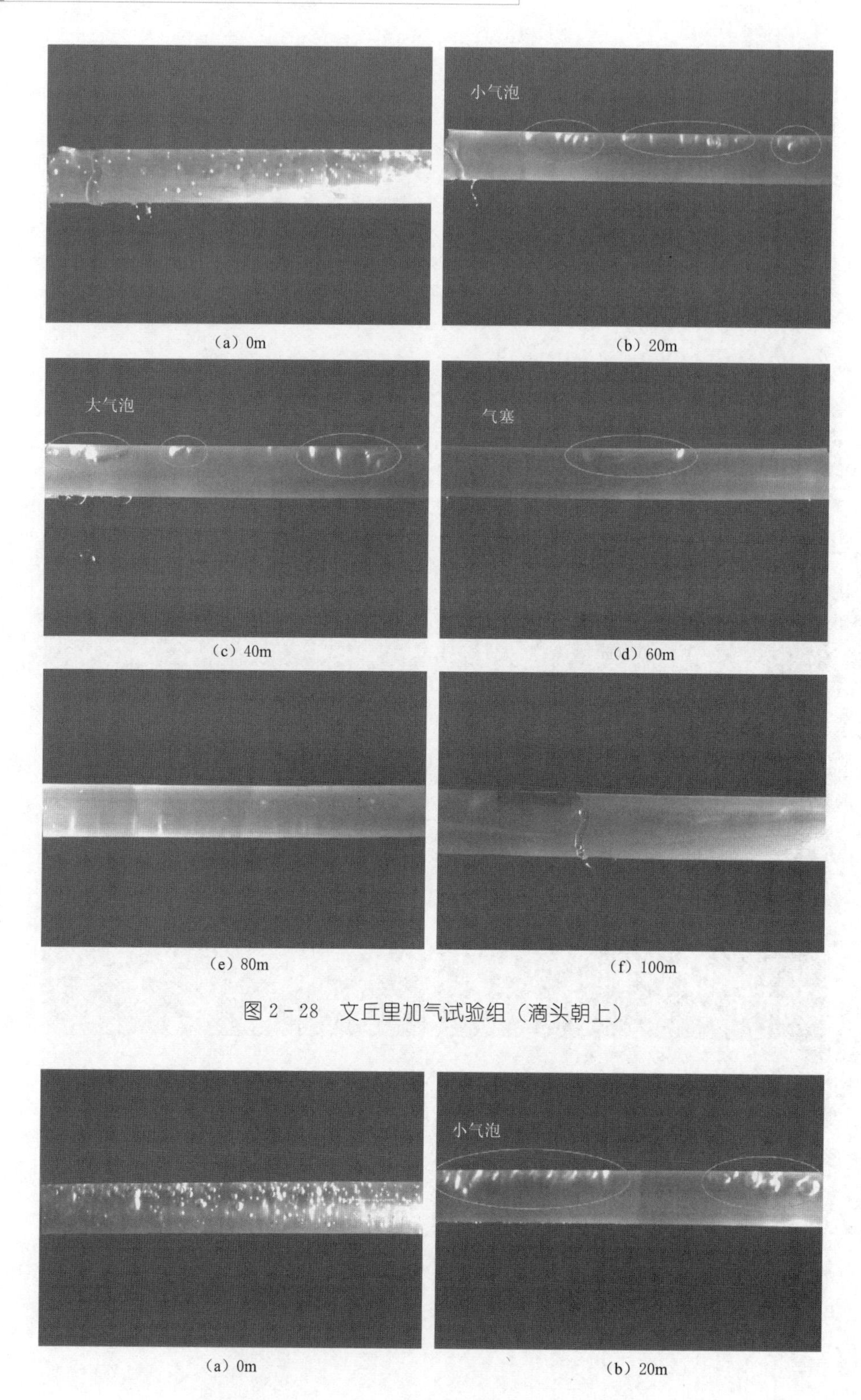

(a) 0m (b) 20m

(c) 40m (d) 60m

(e) 80m (f) 100m

图 2-28 文丘里加气试验组（滴头朝上）

(a) 0m (b) 20m

图 2-29（一） 文丘里加气试验组（滴头朝下）

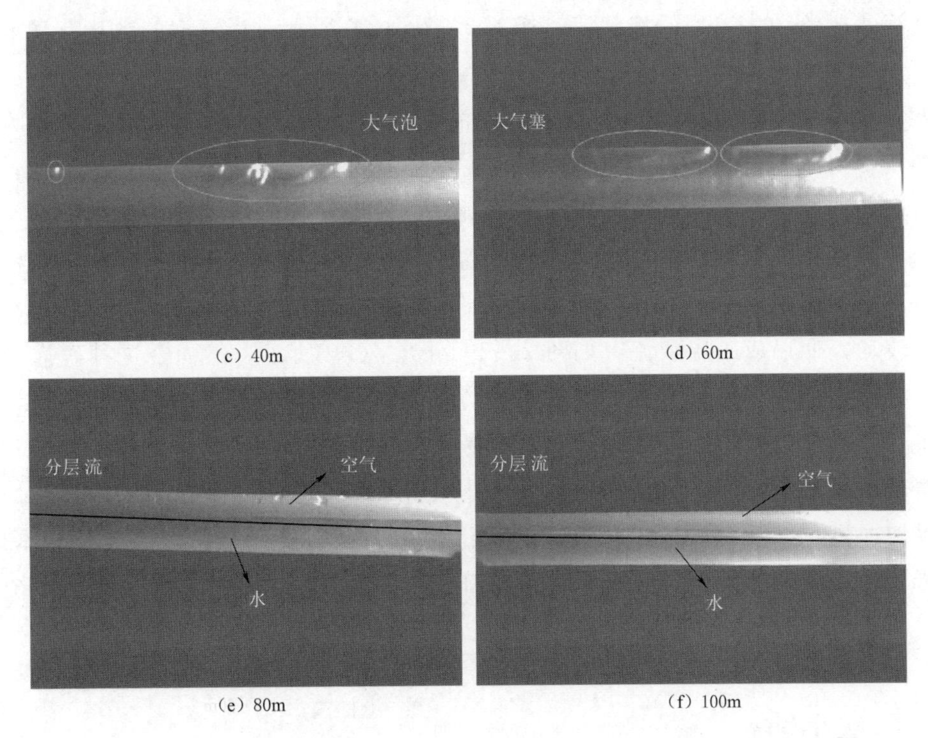

（c）40m　　（d）60m

（e）80m　　（f）100m

图 2-29（二）　文丘里加气试验组（滴头朝下）

内仍有少量肉眼可见的气泡存在，这些气泡产生的原因主要与微纳米气泡发生器性能有关，如图 2-25、图 2-26 所示，微纳米气泡发生器会伴随有少量毫米级的气泡产生。另外，滴灌系统在安装过程中，受人为或者材料因素的影响，导致管件连接处密封性不好，在水流的作用下，也会有少量空气被卷吸进入滴灌管道。

由于重力的影响，水流趋向在滴灌带底部流动，而气泡由于浮力的作用趋向于在滴灌带顶部流动，形成了流动的不对称性。当滴灌带按照滴头朝上铺设时，气泡的运动必然经过滴头，这样气泡便很容易沿着滴头流道从滴灌带中逸出。相反，滴头朝下铺设的滴灌带中，气泡从滴头流道逸出的几率会有很大程度的减小，这种现象在文丘里加气处理下表现尤为明显，如图 2-26、图 2-28 所示。即使是本身气泡数量很小的微纳米加气试验组，相同位置处滴头朝上设置的滴灌带中气泡数量也是明显较少。因此，无论是文丘里还是微纳米加气处理，滴头朝上设置的滴灌带更容易造成气泡的逸出。

研究发现，随着距滴灌带入口距离的增大，受气泡间融合和逸出的影响，滴灌带内观察到的气泡数量在不断减小，而气泡的体积在逐渐增大。尤其值得注意的是，滴头朝下设置的文丘里加气滴灌系统中，水气混合的气液两相流动在滴灌带中表现出明显的流型变化。在水气混合物刚刚进入滴灌带时，气泡分布明显不均，气泡群在滴灌带上部随水流一起运动，由于此时气泡体积较小，受水流流速影响较大，此时的滴灌带内气液两相流动为典型的泡状流，如图 2-29（a）所示。当气泡的数量在滴灌带内不断增加，随着水流的速度逐渐减小，一些气泡相互融合形成体积较大的气泡或狭长的气塞，同时小气泡逐渐减小并消失，滴灌带内水气的混合流动逐渐转变成为塞状流，如图 2-29（c）。随着滴灌带内水流从滴头中的流出以及沿程阻力的增加，滴灌带内水流的速度不断减小，而气泡的不断融合也促使气塞的体积逐渐增加，最终在滴灌带内上部近壁面处形成了连续的气相流动，当气相比例发展足够大时，水流便无法接触到滴灌带上壁面，因此，气相和液相流动明显的分隔开来，由于气液两相在交界面处的波动，便形成了层状流，如图 2-29（e）、（f）所示。然而，这种滴灌带沿程气液两相流型的转变过程，在微纳米加气滴灌试验组中很难看到。在滴头朝上设置的文丘里加气滴灌试验组中，由于气体很容易从滴头流道中逸出，所以在滴灌带相同位置也很难形成层状流。实际上，输水管道中气相体积达到一定程度而不能即时排出，很容易增加发生水锤的风险，对系统的运行存在一定的安全隐患。因此，总体来说，微纳米加气方式和采用滴头朝上布置的文丘里加气方式更有利于加气滴灌系统管网传输。

2.4 本章小结

本章采用数值模拟的方法研究了文丘里喷射器和微纳米气泡发生器出水管内部流场信息，并采用高速摄影的方法对比分析了文丘里喷射器和微纳米气泡发生器的产气特征，研究了两种加气方式下，滴灌带内水气运动和分布特征。结论如下：

（1）文丘里喷射器内气液混合流动与进出口压差密切相关，在大压差工况下，水气混合流动整体流态较差，水力损失较大。在主流主要集中于中轴线附近，也会发生偏流现象，并伴随大尺度回流，回旋区域在主流的对立面，气泡分布在主流区域，均匀性较差。在小压差工况下，整体流态有所改善，水力损失小，气泡分布较为均匀。根据计算结果，文丘里喷射器在小压差工况运行时较为理想，此时文丘里喷射器内部流场的流线、压力递变、空泡分布等均表现均匀，更适合作为运行工况使用。微纳米气泡发生器在各工况下出水管流场均表现良好，其中气泡均匀分布，压力递变均匀，符合流体动力学理论。

（2）微纳米气泡发生器产生的微纳米气泡在管道中呈乳白色均匀分布，文丘里喷射器产生的气泡体积明显大于微纳米气泡，其运动和分布均肉眼可见，且在管道中分布紊乱。因此，采用微纳米加气方式更有利于滴灌作业。

（3）从滴灌带内水气分布特征可以看出，文丘里喷射器产生气泡较大，限制了滴灌传输距离，微纳米气泡很小，且不易发生融合和逸出现象，所以相较于文丘里加气，微纳米加气更利于适应滴灌系统远距离铺设。而滴头朝向对加气滴灌滴灌带铺设距离也有显著影响，滴头朝上时，气泡沿着灌水器逸出，影响了滴灌带的铺设长度，而滴头朝下时，气泡之间的融合聚并，会形成大气塞和分层流，严重影响了滴灌带内水气运动和分布，还增加了水锤发生的风险。因此，与文丘里加气方式相比，微纳米加气方式更具有优势。

第3章

加气滴灌水肥气均匀性试验研究

加气滴灌系统中水肥气均匀性是考察灌水质量和加气、施肥效果的关键，也是评价加气滴灌系统性能的重要指标。对于加气滴灌系统，加气方式和施肥装置运行模式的多样化，对管网水肥气分布均匀性是否有显著影响，关系到加气滴灌系统水肥气同步实施的科学性和合理性。本章基于微纳米气泡发生器和文丘里喷射器的产气特征，以压差式施肥罐为施肥装置，采用性能试验的方法，针对滴灌管网水肥气的空间分布和均匀性开展研究，对比分析了微纳米和文丘里两种加气方式下，滴灌系统的工作压力、滴灌带滴头出口朝向和施肥罐进出口压差等技术参数对水肥气空间分布和均匀性的影响，为加气滴灌施肥提供一定的理论依据。

3.1 材料和方法

3.1.1 滴灌带选型

试验选用内蒙古沐禾节水工程设备有限公司生产的内镶贴片式滴灌带，滴头间距0.3m，在工作压力为0.1MPa下的额定流量为1.42L/h，试验前按照国家标准GB/T 19182—2017测定灌水器流量—压力关系和变异系数。灌水器流量—压力关系式为

$$q_e = kp^m \tag{3-1}$$

式中 q_e——灌水器流量，L/h；

p——工作压力，kPa；

k——流量系数；

m——流态指数。

变异系数计算公式为

$$Cv = S/\overline{x} \tag{3-2}$$

式中 Cv——变异系数，%；

S——所有取样点样品观测值的标准差；

$\overline{x}$——灌水器样品的平均流量，L/h。

测试结果见表 3-1，由表可知，灌水器变异系数为 2.28%，质量为“优”。

表 3-1　　试验滴灌带的特征参数

灌　水　器	额定流量/(L/h)	间距/m	连接方式	补偿功能	流量系数 k	流态指数 m	变异系数 Cv/%
	1.42	0.3	内镶贴片	非压力补偿	0.259	0.45	2.28

3.1.2　试验装置

本章试验装置如图 3-1 所示。为保障试验所需恒温恒压水源，采用智能变频恒温恒压水箱（河北可道试验机科技有限公司）作为试验的动力系统，智能变频恒温恒压水箱内置有网式过滤器（AZUD，3/4”，120 目），可防止灌溉水源中的杂质进入试验管道。试验供水管道均采用灌溉工程常用的 U-PVC 管，其中主管道管径 $\Phi=50$mm，支管管径 $\Phi=32$mm。主管道安装涡轮流量计（准确度 1.0，量程 3～30m^3/h)，用于监测试验系统灌水总量。压差式施肥罐（30L）作为施肥装置与主管道并联连接，施肥罐的进口、出口分别安装阀门（DN32 PVC 球阀）和精密压力表（上海自动化仪表有限公司，0.4 级，量程 0.4 MPa)，以控制施肥罐进出口压差，调节施肥罐工作参数。其中，进口处设置两个阀门，阀门 1 负责控制施肥罐启闭，阀门 2 负责调节施肥罐工作参数。施肥罐出口处设置取样口，以测量施肥罐内肥液浓度变化。为了防止肥料中的杂质及未溶解的肥料堵塞灌水器，在施肥罐后的主管道安装网式过滤器（AZUD，1/2”，120 目）。根据试验要求，分别采用文丘里喷射器（Mazzei A-20

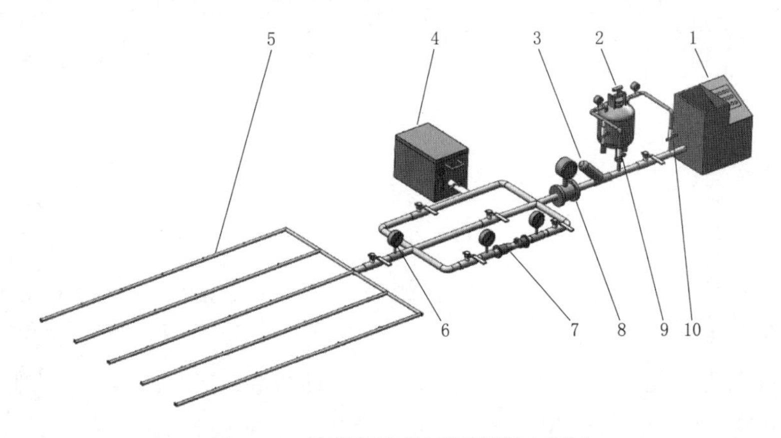

图 3-1　滴灌均匀性试验装置示意图

1—智能变频恒温恒压水箱；2—压差施肥罐；3—过滤器；4—微纳米气泡发生器；5—滴灌带；
6—精密压力表；7—文丘里喷射器；8—涡轮流量计；9—阀门 2；10—阀门 1

型）和微纳米气泡发生器（气泡粒径200nm～4μm，气泡发生量2～2.5m^3/h，云南夏之春环保科技有限公司）作为加气装置，并均以并联的方式与主管道连接。试验管网按沿南北方向共铺设5根滴灌带，长度100m，间距0.5m。依据美国农业工程师协会（ASAE）标准EP 458要求，滴灌均匀性试验置信度需取90%，因此，按照均匀布点的原则，沿铺设方向，每根滴灌带设置10个取样点，试验管网共设置50个取样点。在每个取样点下方放置量杯（3L），用于收集通过滴头的溶液样品。

试验水源采用地下水，从水井直接泵入智能恒温恒压水箱，加气装置加入气体为空气。肥料采用化学试剂硫酸钾（K_2SO_4，钾含量≥99%，天津风船），采用溶氧仪（Seven2Go Pro S7，梅特勒—托利多）测量样品溶液的溶解氧浓度，采用电导率计（SX-650，上海三信）测量样品溶液的电导率，采用量筒（量程2L，最小刻度20mL）测量样品溶液体积。

3.1.3 试验方法

试验研究不同加气方式下，系统工作压力、滴头出口朝向以及施肥罐两端压差等对管网水肥气空间分布均匀性的影响规律。试验设置文丘里和微纳米两种典型加气方式，并以传统不加气滴灌系统作为对比试验。所有试验统一采用压差施肥罐作为施肥装置，施肥量均设置为1kg，加气试验加气量均设置3L/min。管网铺设按照滴头出口朝向设置上、下两个水平，运行压力分别设置0.05MPa和0.10MPa共两个水平，施肥罐两端压差设置0.05MPa、0.10MPa、0.15MPa、0.20MPa和0.25MPa共5个水平，其他设置加气试验组均与对比试验保持一致，试验共进行60组，试验处理和设置方案见表3-2。

表3-2　　试验方案　　单位：MPa

加气方式	管网压力	滴头朝向	施肥罐压差
不加气 微纳米加气 文丘里加气	0.05 0.10	上 下	0.05 0.10 0.15 0.20 0.25

为了保证试验的准确性，在整个试验期间，每天均对肥料溶液的电导率与肥料浓度进行标定。标定采用二次曲线回归的方法，建立肥料溶液电导率与浓度关系的标准曲线，以通过肥液电导率获得其浓度，从而计算肥液中肥料的含量。试验肥料同样选用易溶解、无杂质的硫酸钾化学试剂（K_2SO_4，钾含量≥99%，天津风船），肥料溶液电导率与浓度之间的关系见式（3-3），日标定曲线回归系数见表3-3。

$$C = aEC^2 + bEC + c \tag{3-3}$$

式中　C——肥液的浓度，g/mL；

EC——肥液电导率，mS/cm；

a、b、c——回归系数。

表3-3　　肥料溶液电导率与浓度关系的标准曲线回归系数

处理	a	b	c	R^2
1	0.000005	0.0008	−0.002	0.994
2	0.000009	0.0007	−0.0016	0.994
3	0.000005	0.0008	−0.0021	0.996
4	0.00001	0.0007	−0.0017	0.997
5	0.000003	0.0009	−0.0021	0.994
6	0.000009	0.0007	−0.0016	0.995
7	0.000003	0.0009	−0.0023	0.995
8	0.000005	0.0008	−0.002	0.998
9	0.000003	0.0009	−0.0023	0.997
10	0.00001	0.0007	−0.0017	0.996
11	0.000004	0.0009	−0.0023	0.994
12	0.000009	0.0005	−0.0016	0.994

为了保证每次试验中总的施肥量相等，需要确保每次试验肥料均完全施入试验系统，这就要求压差施肥罐在每次试验过程中必须完成完全施肥，即每次试验时间要大于压差施肥罐完全施肥所需的时间。因此，在试验开始前，需要确定压差施肥罐在不同工况下完全施肥需要的时间。测试施肥时间时，首先以试验水源将肥料配制成30L肥料溶液，使其完全溶解并混合均匀，测得此时肥料溶液以及清水电导率。然后运行试验系统，使压差施肥罐内充满清水，待系统运行稳定后，调节施肥罐进口、出口压差至相应水平后，关闭施肥罐进口阀门，并放掉施肥罐内清水，将配置好的肥料溶液加入施肥罐内后，重新打开阀门，在施肥罐取样口按每0.5min的时间间隔取样，并采用电导率计测量肥料溶液样品的电导率，直至所取样品电导率与清水电导率相同或极为相近时，认为施肥结束，停止试验并记录施肥时间。试验得到不同工作参数下，施肥罐施肥时间见表3-4。

表3-4　　不同工作参数下施肥罐施肥时间

处理	进口压力 P_1 /MPa	出口压力 P_2 /MPa	压差 ΔP /MPa	施肥时间 /min
1	0.15	0.10	0.05	6.5
2	0.20	0.10	0.10	5.5
3	0.25	0.10	0.15	5.0
4	0.30	0.10	0.20	5.0
5	0.35	0.10	0.25	5.0

续表

处理	进口压力 P_1 /MPa	出口压力 P_2 /MPa	压差 ΔP /MPa	施肥时间 /min
6	0.10	0.05	0.05	8.5
7	0.15	0.05	0.10	8.5
8	0.20	0.05	0.15	8.0
9	0.25	0.05	0.20	7.5
10	0.30	0.05	0.25	7.5

每次均匀性试验开始前，首先检查试验系统，确认水源、测量设备等均工作正常后，启动智能恒温恒压水箱，并调节加气装置至试验所需水平，当系统稳定运行后开始试验。试验时，前5min时间内不施肥，5min后，打开阀门，开始施肥，直至试验结束。从试验开始，每隔5s依次在取样点下面放入雨量桶，待20min后，按照同样时间间隔和顺序取回雨量桶，同时测量雨量桶中样品溶液的溶解氧浓度、电导率和体积。每次试验均采用相同的灌水时长和施肥量，根据施肥罐施肥在各压差水平下，完全施肥时间均小于10min，因此，每次试验均设置为20min。

3.1.4 均匀性评价

通过试验，分别计算管网灌水总量、施肥总量和溶解氧含量的克里斯琴森均匀系数 Cu、分布均匀系数 DU、变异系数 Cv、统计均匀系数 Us 来评价加气滴灌系统均匀性。各均匀系数的计算方法如下。

1. 克里斯琴森均匀系数 Cu

$$Cu=\left(1-\frac{\sum_{i=1}^{N}|x_i-\overline{x}|}{\sum_{i=1}^{N}x_i}\right)\times 100\% \tag{3-4}$$

式中 Cu——克里斯琴森均匀系数，%；

x_i——第 i 个取样点处灌水器灌水量、施肥量和溶解氧含量的观测值；

$\overline{x}$——样品均值；

N——取样点个数。

2. 分布均匀系数 DU

$$DU=100\times\overline{x_{lq}}/\overline{x} \tag{3-5}$$

式中 $\overline{x_{lq}}$——所有取样点样品中数值最小的1/4观测值的均值。

3. 变异系数 Cv

变异系数 Cv 计算同式（3-2）。

4. 统计均匀系数 Us

$$Us = 100\% \times (1 - S/\overline{x}) \tag{3-6}$$

式中 Us——统计均匀系数,%。

3.2 结果与分析

在不同加气方式（不加气、微纳米加气、文丘里加气）、滴灌带铺设方式（滴头朝上/下）、工作压力（0.05MPa 和 0.10MPa）以及压差施肥罐进出口压差（0.05MPa、0.10MPa、0.15MPa、0.20MPa 和 0.25MPa）等加气滴灌系统的技术参数组合下，灌水器流量、施肥总量和溶解氧含量沿滴灌带空间分布情况如图 3-2～图 3-9 所示，图中每个点代表不同技术参数组合下 5 条滴灌带取样点处 3 次重复试验数据的平均值。

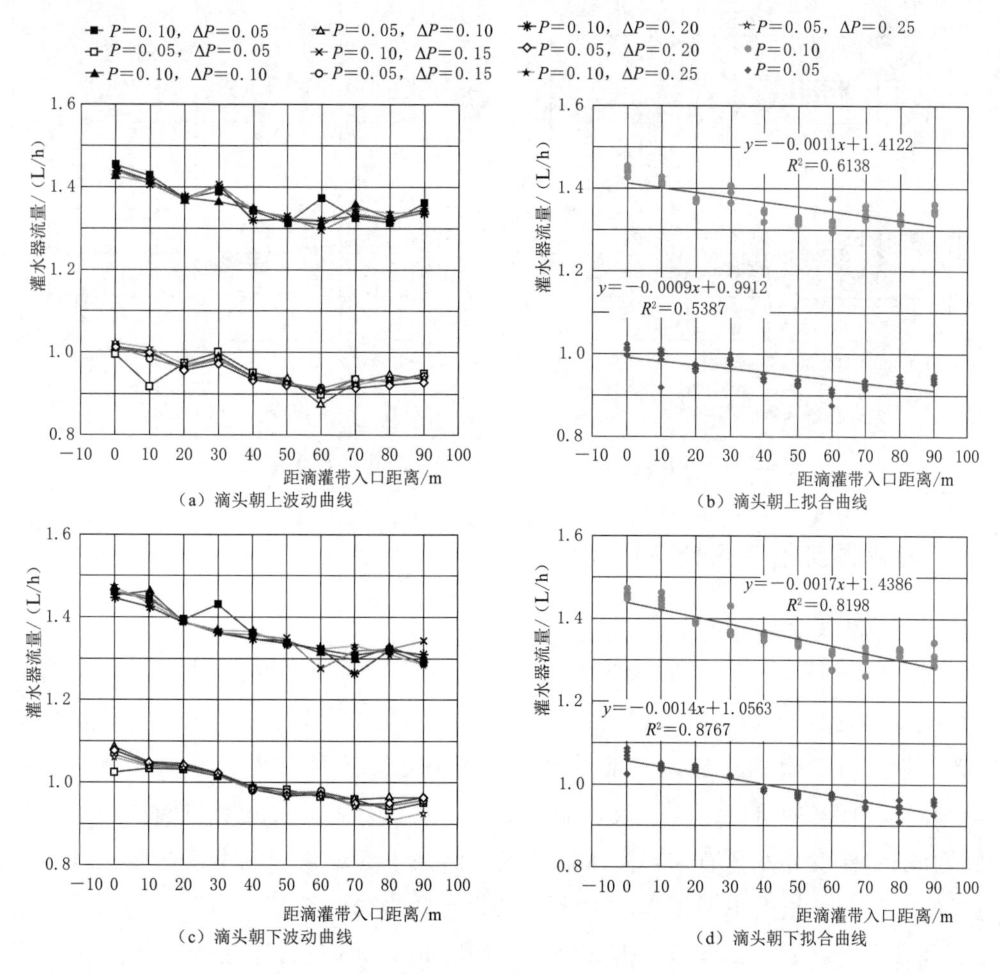

图 3-2 不加气条件下滴灌带沿程灌水器流量变化

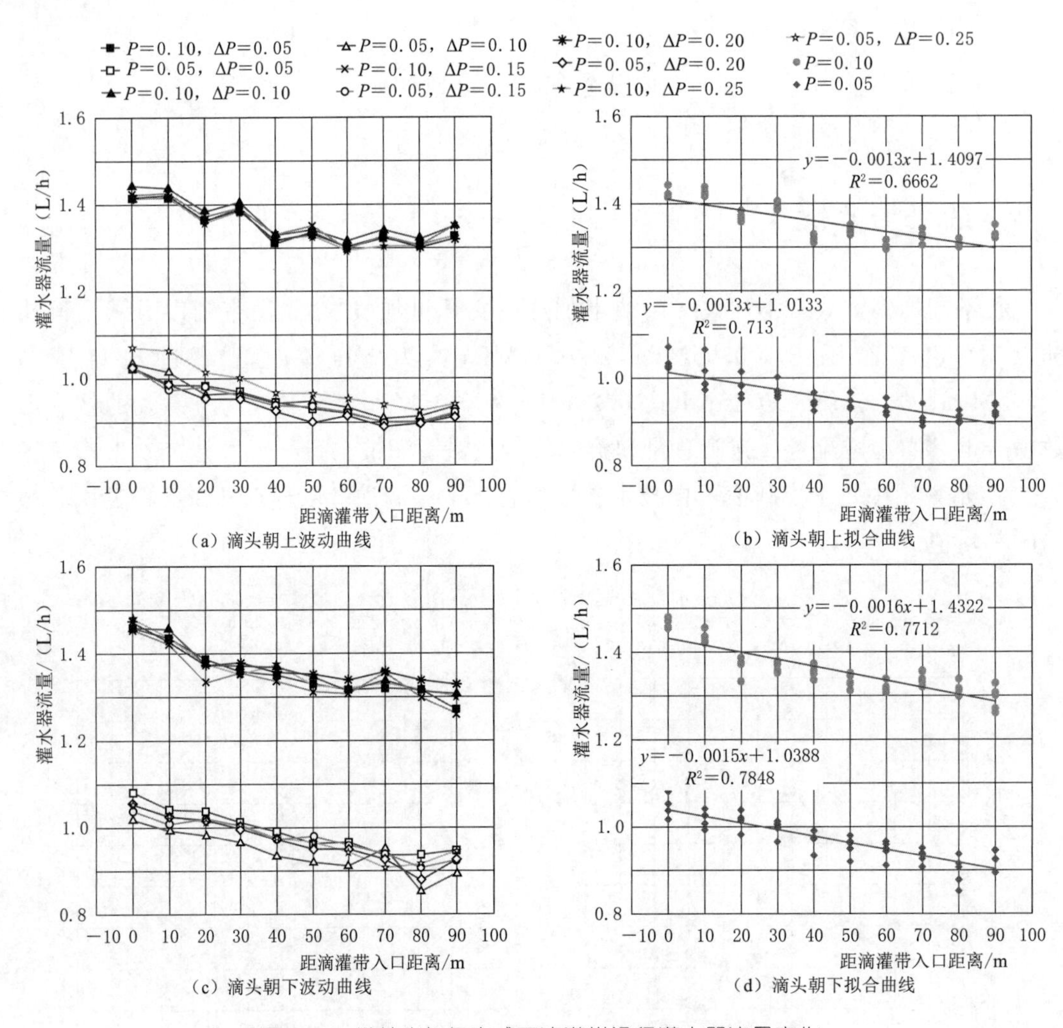

图3-3 微纳米加气方式下滴灌带沿程灌水器流量变化

3.2.1 灌水器流量空间分布特征

1. 灌水器流量空间分布

由图3-2～图3-4可以看出，沿滴灌带方向，不同取样点灌水器的流量有所差异，灌水器流量曲线呈现起伏现象。但整体上看，灌水器流量呈逐渐下降趋势，即随着距滴灌带入口距离的增加，灌水器流量逐渐减小。这种现象与李久生等（2008）、范军亮等（2016）的研究结果一致，他们认为，灌水器流量的波动与滴灌带沿程压力波动以及灌水器变异系数有关，灌水器流量逐渐减小的现象则是由滴灌带沿程水头损失造成的。另外，根据不同工作压力下灌水器流量曲线可知，工作压力的大小对灌水器流量具有显著影响。工作压力为$P=0.10$MPa时，相同位置的灌水器流量明显高于工作压力为$P=0.05$MPa。

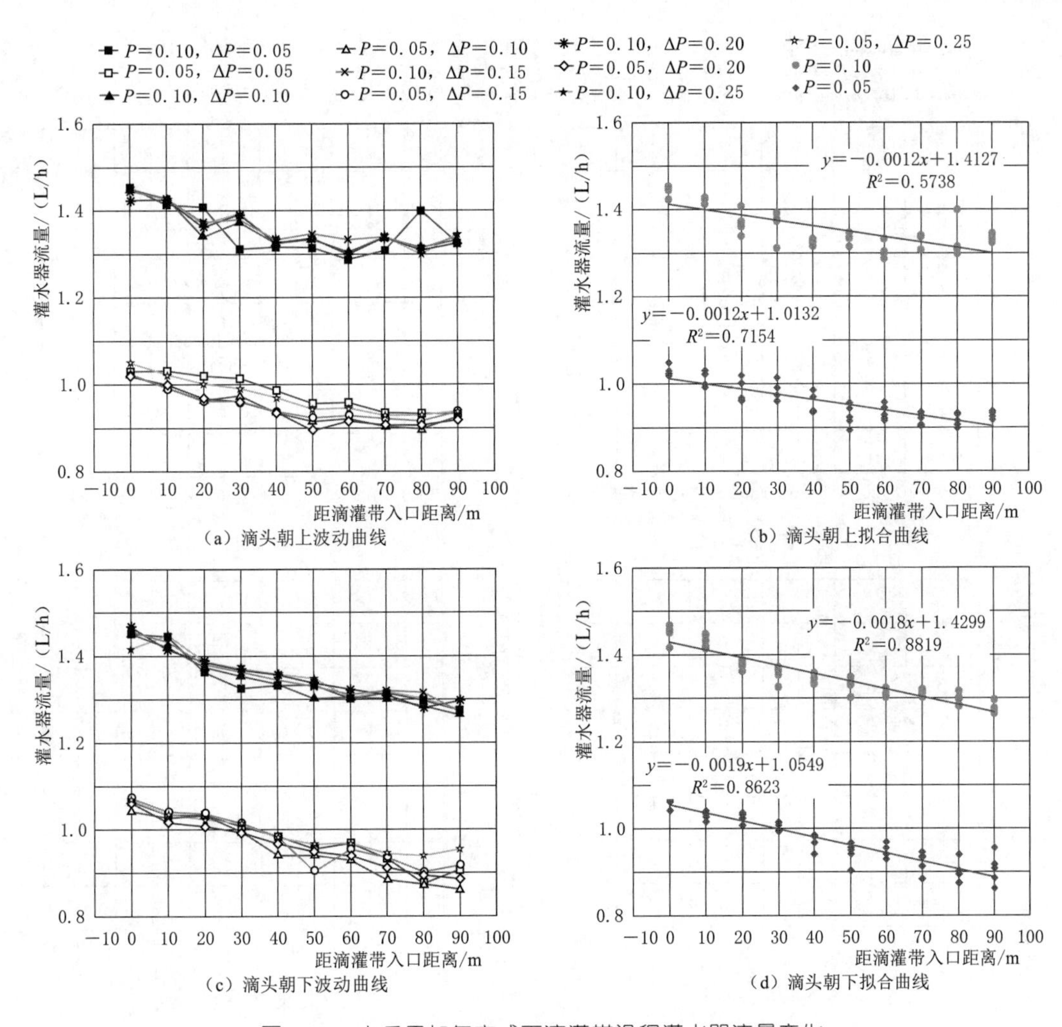

图 3-4 文丘里加气方式下滴灌带沿程灌水器流量变化

对灌水器流量进行线性拟合，以拟合曲线的斜率为依据，判断滴灌带沿程灌水器流量的下降速度。由图 3-2～图 3-4 可知，在不同技术参数组合下，灌水器流量下降速度不同。其中，在其他条件相同的情况下，对比试验组中工作压力为 $P=0.10$MPa 时灌水器流量线性拟合曲线的斜率高于工作压力为 $P=0.05$MPa，而在两种加气试验中，工作压力为 $P=0.10$MPa 时灌水器流量线性拟合曲线的斜率与 $P=0.05$MPa 时相比基本不变。由此可见，加气滴灌系统中，工作压力对灌水器流量依然影响显著，但是对滴灌带沿程灌水器流量的变化速率几乎没有影响。也就是说，加气弱化了滴灌系统中工作压力对滴灌带沿程灌水器流量变化速率的影响。同时，在相同条件下，滴头出口朝下铺设的滴灌带灌水器流量下降速率均大于滴头出口朝上铺设。两种加气方式对滴灌带滴头出口朝上铺设方式下灌水器流量下降速度的影响均不明显，而滴头出口朝下铺设时，微纳米加气滴灌灌水器流量沿滴灌带的下降速率要小于

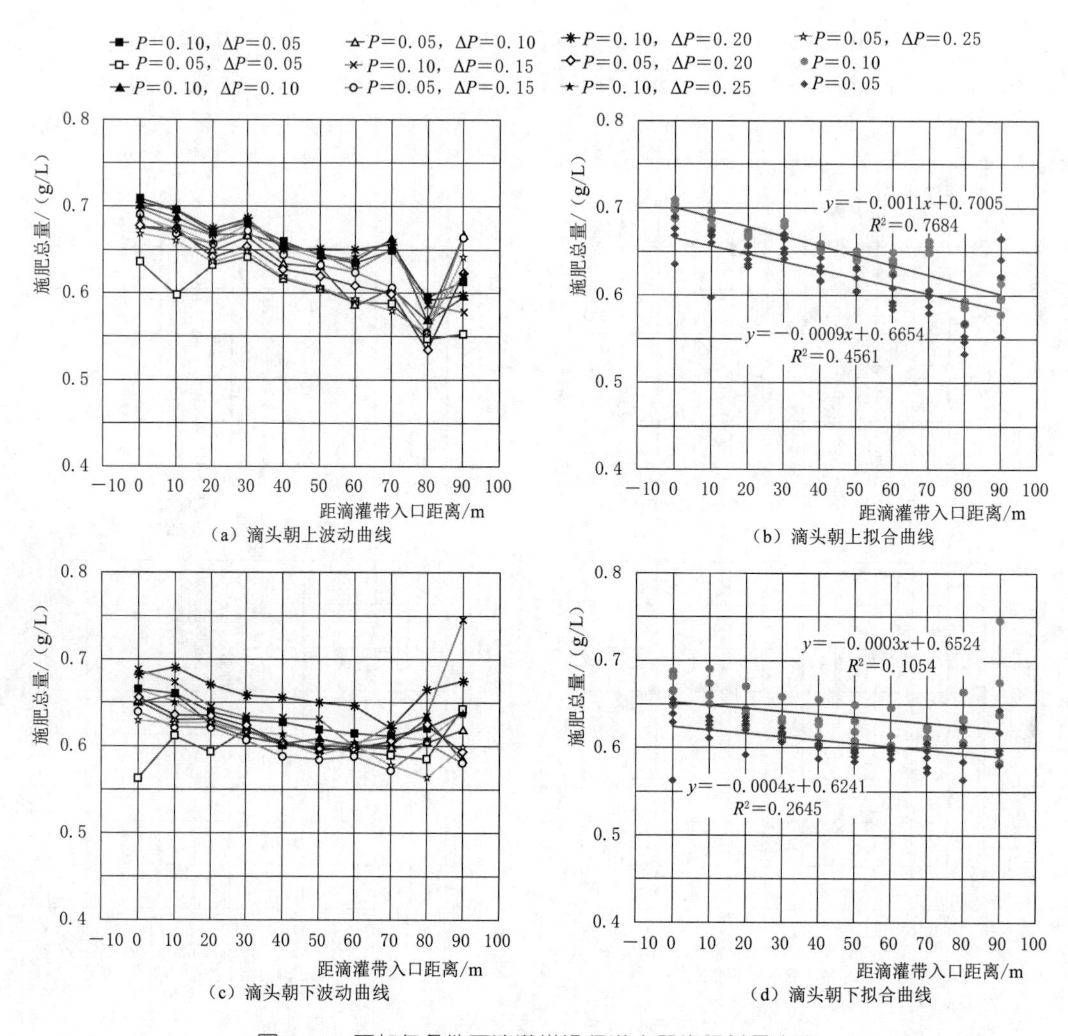

图3-5 不加气条件下滴灌带沿程灌水器施肥总量变化

文丘里加气滴灌。

2. 灌水器流量空间分布显著性分析

为了进一步研究加气对灌水器流量空间分布的影响，采用统计分析软件SPSS 22.0对灌水器流量进行单因素方差分析，分析结果见表3-5。由表可知，加气方式和施肥罐进出口压差对灌水器流量影响均不显著，而工作压力和滴头朝向对灌水器流量影响则为极显著。即相对于系统工作压力、滴灌带滴头朝向而言，两种加气方式并不会对滴灌系统灌水器流量产生显著影响。

3.2.2 施肥总量空间分布特征

1. 施肥总量空间分布

施肥总量沿滴灌带的变化情况如图3-5～图3-7所示，由图可知，滴头施肥总

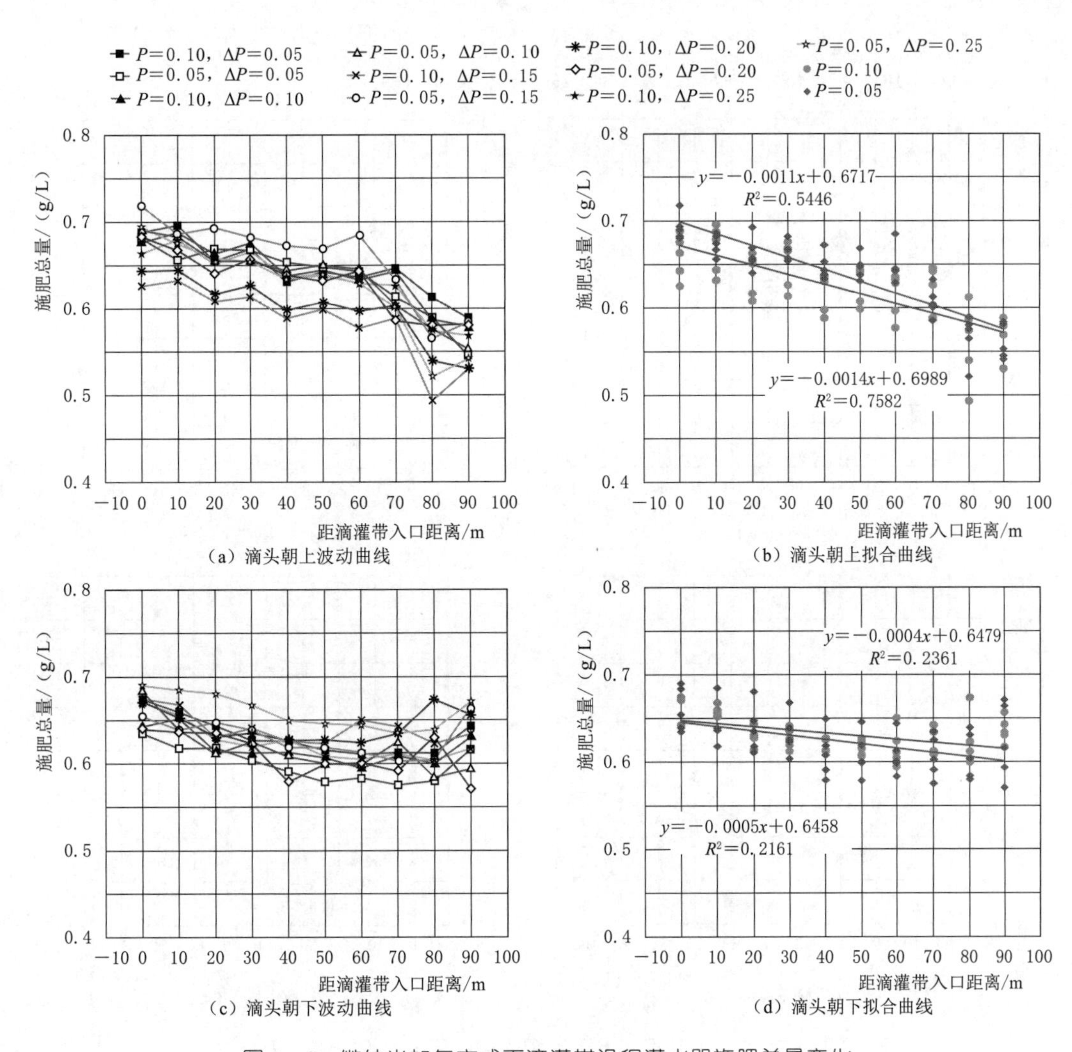

图3-6　微纳米加气方式下滴灌带沿程灌水器施肥总量变化

表3-5　灌水器流量的方差分析

工作参数	Ⅲ类平方和	自由度	均方	F 值	P 值
工作压力	22.822	1	22.822	9543.228	0.000
加气方式	0.008	2	0.004	0.095	0.910
滴头朝向	22.822	1	22.822	9543.228	0.000
施肥罐压差	0.008	4	0.002	0.048	0.996

量整体变化与灌水总量的空间分布特征相似，均沿着滴灌带呈逐渐下降的趋势，但是下降速度并不明显。在个别情况下，滴灌带末端滴头施肥总量会出现略有上升趋势，该情况在对比试验中尤为明显，这种现象与韩启彪（2018）的试验结果一致。由于灌水总量沿滴灌带方向逐渐减小，因此，施肥总量在滴灌带末端上升的趋势表明在滴灌带的末端肥液浓度增大。这种现象的产生，主要归因于压差施肥罐的运行特征：在施

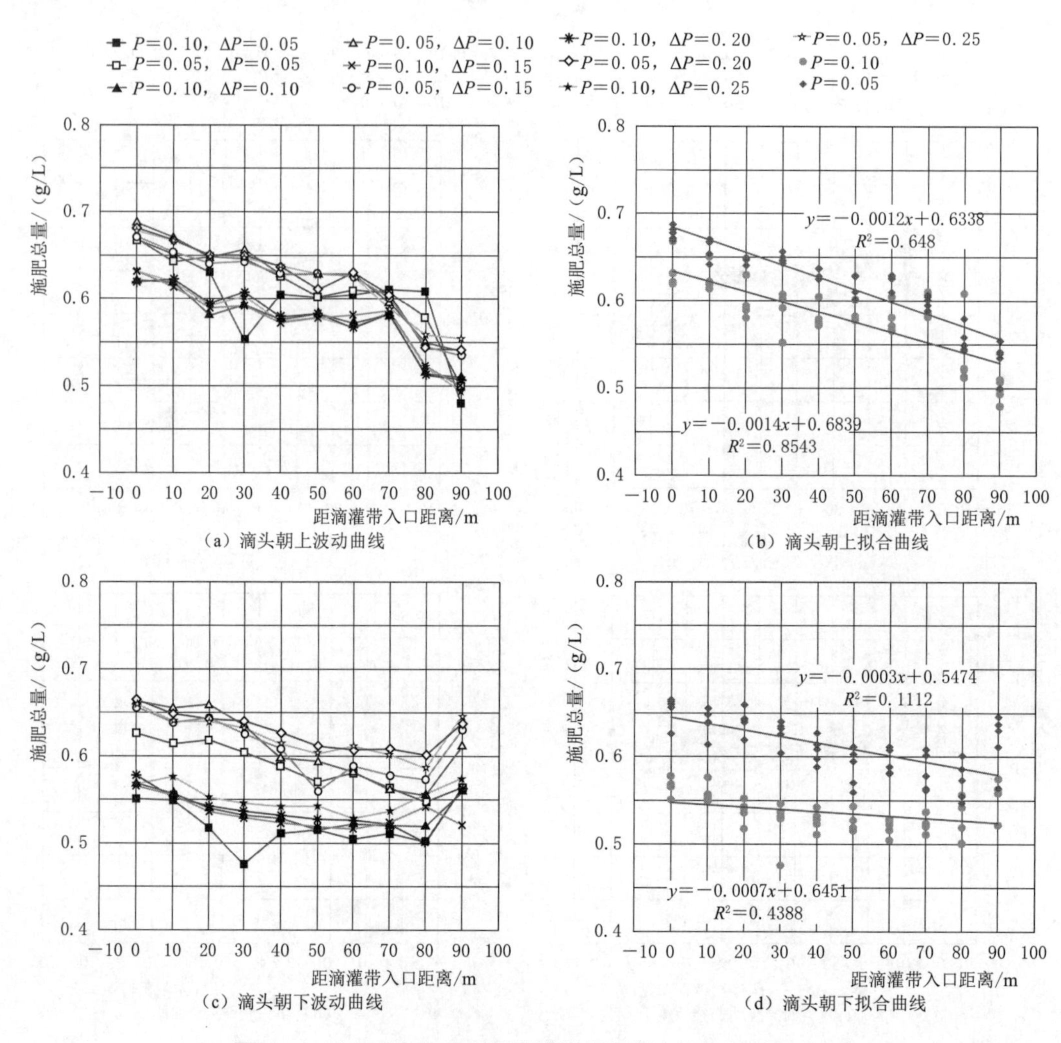

图3-7　文丘里加气方式下滴灌带沿程灌水器施肥总量变化

肥过程中，随着罐内肥液不断进入管网以及灌溉水的不断补充，罐内肥液浓度持续衰减，从而导致进入滴灌带的肥液浓度也逐渐减小，于是便形成了滴头施肥总量沿滴灌带逐渐减小的现象。但是肥液在运动至滴灌带末端后，在滴灌带堵头的作用下，流动突然受阻，于是在滴灌带末端形成回流，使该处肥液浓度增大，从而产生该处区域施肥总量略有上升的现象。对比施肥总量的变化，不加气时施肥总量沿滴灌带的变化更为平稳，而两种加气方式均增加了滴灌带沿程施肥总量的波动。

2. 施肥总量空间分布显著性分析

灌水器施肥总量的方差分析结果见表3-6。由表可知，施肥罐进出口压差对施肥总量影响的方差分析中，$F=8.731$，$P=0.712>0.05$，按$\alpha=0.05$，认为不同施肥罐不同进出口压差条件下灌水器施肥总量间的差异没有统计学意义，即施肥罐进出口压差对施肥总量影响不显著。而加气方式、工作压力和滴头朝向的P值均小于0.01，因此，他们对施肥总量的影响则均为极显著水平。由此可见，对滴灌系统进行加气处理能够显著改变施肥总量的空间分布。

为了进一步研究不同加气方式对施肥总量的影响，在 SPSS 22.0 中对不同加气方式进行了多重比较分析，结果见表 3-7。由表可知，不加气与微纳米加气滴灌的 $P=0.731>0.05$，不加气与文丘里加气滴灌的 $P=0.000<0.05$，微纳米加气滴灌与文丘里加气滴灌间的 $P=0.000<0.05$，按 $\alpha=0.05$，除了不加气与微纳米加气滴灌间的施肥总量间差异不具有统计学意义外，其他任两组间均具有统计学意义。因此，微纳米加气方式对滴灌系统施肥总量的分布影响不显著，而文丘里加气方式会对施肥总量产生显著影响。

表 3-6　灌水器施肥总量方差分析

工作参数	Ⅲ类平方和	自由度	均方	*F* 值	*P* 值
工作压力	0.018	1	0.018	8.731	0.003
加气方式	0.234	2	0.117	69.114	0.000
滴灌带铺设	0.018	1	0.018	8.731	0.003
施肥罐压差	0.004	4	0.001	0.532	0.712

表 3-7　加气方式对施肥总量的多重比较

加气方式		平均值差值	标准误差	*P*	95%置信区间	
					下限	上限
不加气	微纳米加气	0.0014126	0.00411370	0.731	−0.0066664	0.0094917
	文丘里加气	0.0425737 *	0.00411370	0.000	0.0344946	0.0506528
微纳米加气	不加气	−0.0014126	0.00411370	0.731	−0.0094917	0.0066664
	文丘里加气	0.0411611 *	0.00411370	0.000	0.0330820	0.0492402
文丘里加气	不加气	−0.0425737 *	0.00411370	0.000	−0.0506528	−0.0344946
	微纳米加气	−0.0411611 *	0.00411370	0.000	−0.0492402	−0.0330820

*　表示平均值差值的显著性水平为 0.05。

3.2.3　溶解氧含量空间分布特征

1. 溶解氧含量空间分布

图 3-8、图 3-9 表示了两种加气方式下溶解氧含量沿滴灌带的变化情况。由图可知，两种加气方式下，滴灌带沿程的溶解氧含量空间分布特征变化趋势相似。总体上看，均为沿滴灌带铺设方向逐渐下降，在滴灌带末端，溶解氧含量表现出上升趋势。这种现象被认为与施肥总量在滴灌带末端略有上升的原因相同，当在滴灌带末端产生回流后，灌溉水中的溶解氧不断在滴灌带末端聚集，产生局部溶解氧浓度的上升，增加了灌溉水中溶解氧含量。然而，不同加气方式对灌溉水中溶解氧含量的影响

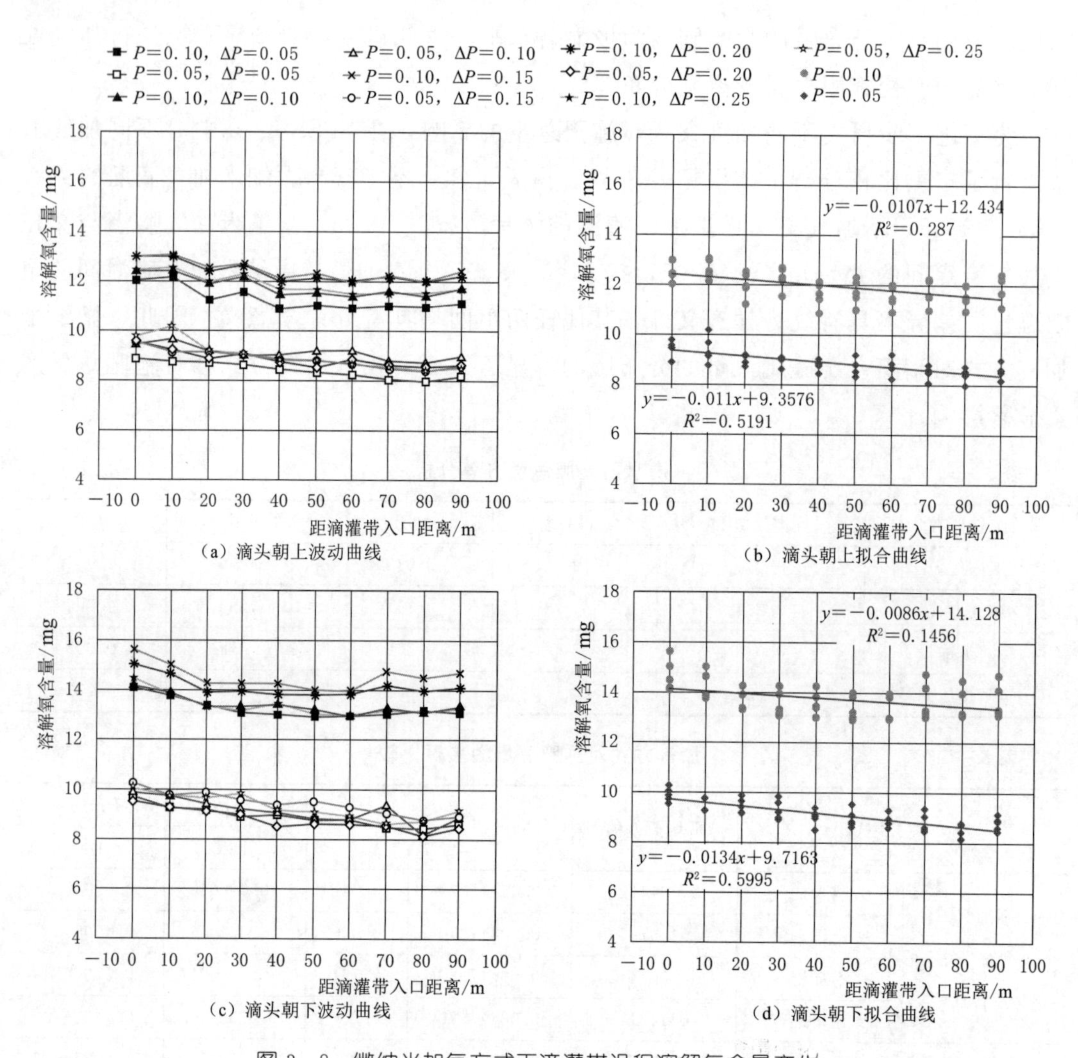

图3-8　微纳米加气方式下滴灌带沿程溶解氧含量变化

不同。对比图中各组合条件下滴灌带沿程溶解氧含量分布，不难发现，在相同条件下，微纳米加气方式下溶解氧含量均明显高于文丘里加气，工作压力 $P=0.10$MPa 时溶解氧含量高于 $P=0.05$MPa，而滴头出口朝下铺设的滴灌带溶解氧含量也高于滴头出口朝上。这是因为微纳米气泡在水中存留时间长，气液传质效率高，可以显著提高灌溉水中溶解氧含量，而文丘里喷射器产生的气泡大小不一，大的气泡很容易从灌溉水中逸出，因此微纳米加气滴灌灌溉水中溶解氧含量更高。由前文 3.2.1 可知，工作压力为 $P=0.10$MPa 时，灌水器流量高于 $P=0.05$MPa，因此，工作压力为 $P=0.10$MPa 时溶解氧含量也更高。根据第2章结论，由于气体密度小于水，在灌溉过程中，灌溉水中的气泡会随着水的运动逐渐上升，因此滴灌带内上部的灌溉水中溶解氧浓度更高，并且当滴头朝上铺设时，气泡更容易通过滴头流道从滴灌带中逸出，从而导致滴头朝上铺设的滴灌带溶解氧含量低于滴头朝下。

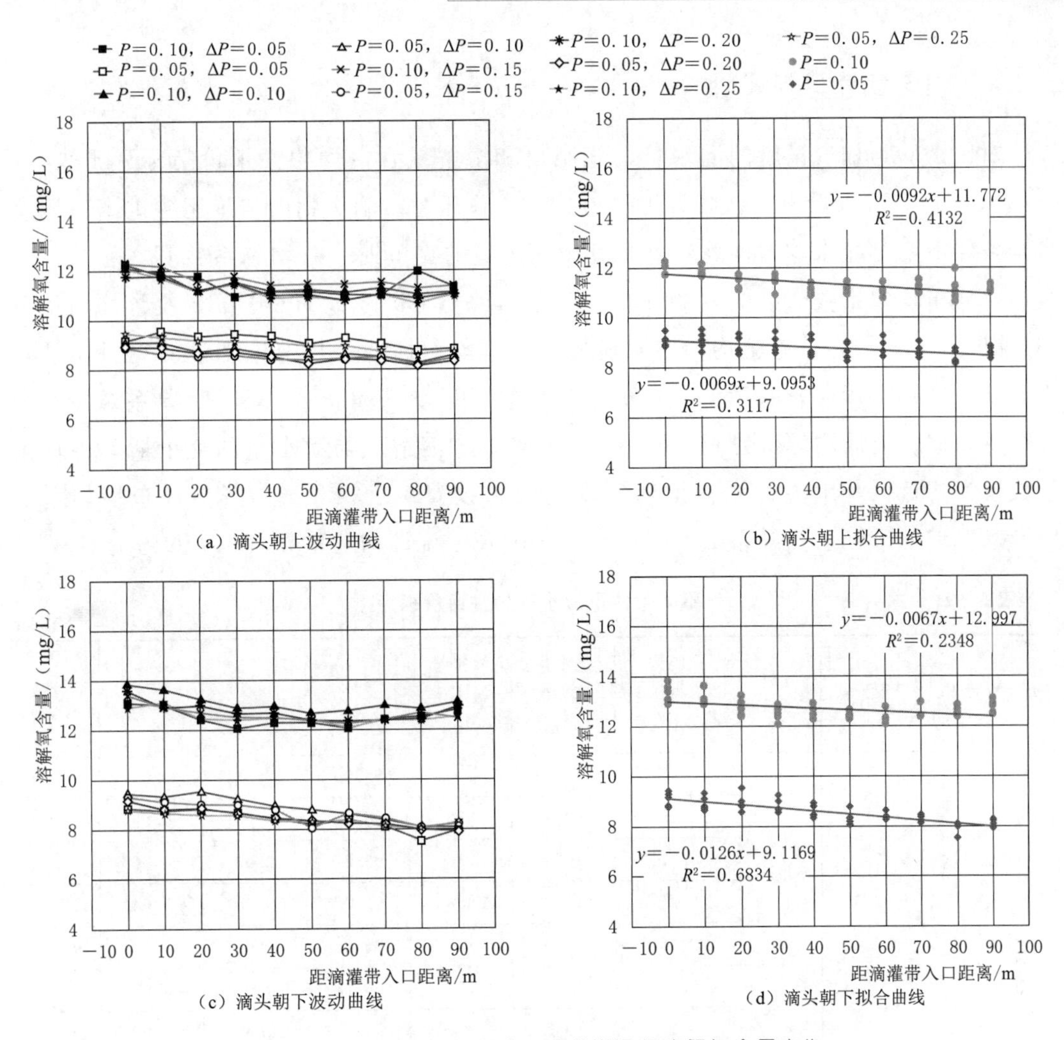

（a）滴头朝上波动曲线　（b）滴头朝上拟合曲线　（c）滴头朝下波动曲线　（d）滴头朝下拟合曲线

图 3-9　文丘里加气方式下滴灌带沿程溶解氧含量变化

2. 溶解氧含量空间分布显著性分析

对各采样点溶解氧含量进行方差分析，结果见表 3-8。根据方差分析结果，工作压力、加气方式以及滴头出口朝向的 F 检验显著性均小于 0.05，因此可以推断在加气滴灌系统中，以上因素的不同或改变会对溶解氧含量产生显著性影响。而施肥罐进出口压差的 P 值为 0.761>0.05，显然对溶解氧含量的影响并不具有显著性。

表 3-8　**溶解氧含量方差分析**

工作参数	Ⅲ类平方和	自由度	均方	F 值	P 值
工作压力	1303.524	1	1303.524	2015.639	0.000
加气方式	32.678	1	32.678	8.510	0.004
滴头朝向	1303.524	1	1303.524	2015.639	0.000
施肥罐压差	7.324	4	1.831	0.466	0.761

3.2.4 均匀度计算与评价

对比试验与加气试验的灌水量、施肥量和溶解氧含量均匀性评价指标列于表3-9～表3-11，可以看出，在各种加气方式、工作压力、滴头朝向与施肥罐进出口压差组合条件下：①灌水均匀性均较好，其中灌水量的克里斯琴森均匀系数Cu为94%～97%、分布均匀系数DU为0.90～0.96、变异系数Cv为0.04～0.08、统计均匀系数Us为91%～96%；②施肥均匀性明显要比灌水均匀性差。其中施肥量的克里斯琴森均匀系数Cu为91%～97%、分布均匀系数DU为0.83～0.95、变异系数Cv为0.04～0.13、统计均匀系数Us为86%～96%；③溶解氧与灌水量的克里斯琴森均匀系数较为相近。其中溶解氧克里斯琴森均匀系数Cu为94%～97%、分布均匀系数DU为0.91～0.96、变异系数Cv为0.03～0.13、统计均匀系数Us为92%～96%。

表3-9　　不同条件下灌水均匀性评价指标

加气方式	管网压力/MPa	滴头朝向	施肥罐进出口压差/MPa	灌水量最大值mL	灌水量最小值/mL	Cu/%	DU	Cv	Us/%
不加气	0.05	滴头朝上	0.05	1034	800	95.79	0.93	0.06	94.39
			0.10	1070	830	96.29	0.95	0.05	95.32
			0.15	1024	736	95.37	0.93	0.06	93.73
			0.20	1040	888	96.32	0.95	0.04	95.66
			0.25	1020	880	96.82	0.96	0.04	96.23
		滴头朝下	0.05	1071	900	95.78	0.94	0.05	95.14
			0.10	1095	870	95.32	0.93	0.06	94.37
			0.15	1110	915	95.83	0.94	0.05	95.05
			0.20	1095	912	95.65	0.94	0.05	94.94
			0.25	1095	900	96.03	0.95	0.05	95.24
	0.10	滴头朝上	0.05	1516	1270	96.62	0.96	0.04	95.96
			0.10	1480	1280	96.83	0.96	0.04	96.13
			0.15	1460	1180	96.62	0.95	0.04	95.79
			0.20	1470	1216	96.66	0.95	0.04	95.89
			0.25	1470	1160	96.64	0.95	0.04	95.64
		滴头朝下	0.05	1650	1215	96.01	0.94	0.05	94.51
			0.10	1524	1218	96.31	0.94	0.05	95.21
			0.15	1530	1230	96.15	0.95	0.05	95.16
			0.20	1506	996	96.54	0.94	0.05	94.60
			0.25	1500	1080	96.19	0.94	0.05	94.70

续表

加气方式	管网压力/MPa	滴头朝向	施肥罐进出口压差/MPa	灌水量最大值 mL	灌水量最小值/mL	Cu/%	DU	Cv	Us/%
微纳米	0.05	滴头朝上	0.05	1080	870	95.81	0.94	0.05	95.00
			0.10	1140	819	95.10	0.93	0.06	93.79
			0.15	1056	876	95.46	0.94	0.05	94.82
			0.20	1080	870	95.50	0.95	0.05	94.55
			0.25	1050	867	95.69	0.95	0.05	94.99
		滴头朝下	0.05	1116	909	95.36	0.94	0.05	94.57
			0.10	1071	864	95.40	0.93	0.05	94.62
			0.15	1170	690	94.60	0.92	0.07	92.67
			0.20	1071	705	95.10	0.93	0.06	93.55
			0.25	1083	885	95.64	0.93	0.05	94.78
	0.10	滴头朝上	0.05	1460	1260	96.77	0.96	0.04	96.23
			0.10	1470	1250	96.75	0.96	0.04	96.17
			0.15	1492	1280	96.60	0.96	0.04	96.13
			0.20	1460	1258	96.71	0.96	0.04	96.16
			0.25	1480	1264	96.84	0.96	0.04	96.22
		滴头朝下	0.05	1530	1215	96.38	0.95	0.05	95.29
			0.10	1476	1215	96.80	0.95	0.04	95.87
			0.15	1518	1230	96.49	0.95	0.05	95.42
			0.20	1530	1263	96.82	0.95	0.04	95.71
			0.25	1530	1305	96.77	0.96	0.04	95.95
文丘里	0.05	滴头朝上	0.05	1095	870	95.47	0.94	0.05	94.53
			0.10	1080	900	95.81	0.95	0.05	95.00
			0.15	1050	870	95.79	0.95	0.05	95.00
			0.20	1050	840	95.76	0.94	0.05	94.90
			0.25	1074	864	96.03	0.94	0.05	95.16
		滴头朝下	0.05	1101	885	95.92	0.94	0.05	94.97
			0.10	1095	885	95.81	0.94	0.05	95.02
			0.15	1110	810	95.16	0.92	0.06	93.64
			0.20	1080	810	94.84	0.92	0.07	93.41
			0.25	1110	675	94.16	0.90	0.08	91.95
	0.10	滴头朝上	0.05	1660	1080	95.67	0.94	0.06	93.75
			0.10	1510	1228	96.39	0.95	0.04	95.61
			0.15	1500	1260	96.59	0.96	0.04	95.87

续表

加气方式	管网压力/MPa	滴头朝向	施肥罐进出口压差/MPa	灌水量最大值mL	灌水量最小值/mL	Cu/%	DU	Cv	Us/%
文丘里	0.10	滴头朝上	0.20	1480	1260	96.74	0.96	0.04	96.21
			0.25	1510	1268	97.00	0.96	0.04	96.28
		滴头朝下	0.05	1515	1194	96.20	0.94	0.05	94.93
			0.10	1518	1248	96.12	0.95	0.05	95.18
			0.15	1515	1203	96.03	0.95	0.05	94.98
			0.20	1530	1200	96.39	0.95	0.05	95.16
			0.25	1512	1185	96.43	0.95	0.05	95.30

表3-10　不同条件下施肥均匀性评价指标

加气方式	管网压力/MPa	滴头朝向	施肥罐进出口压差/MPa	施肥量最大值/g	施肥量最小值/g	Cu/%	DU	Cv	Us/%
不加气	0.05	滴头朝上	0.05	0.67	0.47	93.97	0.89	0.08	92.27
			0.10	0.70	0.49	94.06	0.89	0.08	92.20
			0.15	0.70	0.49	91.95	0.85	0.10	90.17
			0.20	0.78	0.48	93.53	0.88	0.09	90.95
			0.25	0.70	0.48	93.63	0.88	0.09	91.23
		滴头朝下	0.05	0.76	0.41	94.54	0.91	0.08	91.62
			0.10	0.71	0.54	95.70	0.94	0.05	94.68
			0.15	0.72	0.55	95.50	0.94	0.06	94.50
			0.20	0.73	0.52	95.49	0.93	0.06	94.10
			0.25	0.75	0.49	95.02	0.93	0.07	93.01
	0.10	滴头朝上	0.05	0.75	0.53	94.87	0.91	0.07	93.07
			0.10	0.76	0.50	94.59	0.90	0.08	92.33
			0.15	0.80	0.50	93.69	0.88	0.09	91.00
			0.20	0.77	0.51	94.32	0.89	0.08	92.17
			0.25	0.71	0.54	94.62	0.90	0.07	92.73
		滴头朝下	0.05	0.68	0.57	96.79	0.95	0.04	95.97
			0.10	0.69	0.53	95.98	0.94	0.05	94.78
			0.15	0.68	0.48	95.55	0.93	0.06	93.84
			0.20	0.76	0.49	96.04	0.94	0.06	93.74
			0.25	0.81	0.51	94.73	0.93	0.07	92.67

续表

加气方式	管网压力/MPa	滴头朝向	施肥罐进出口压差/MPa	施肥量最大值/g	施肥量最小值/g	*Cu*/%	*DU*	*Cv*	*Us*/%
微纳米加气	0.05	滴头朝上	0.05	0.73	0.54	94.79	0.91	0.07	93.41
			0.10	0.72	0.47	92.99	0.87	0.09	90.68
			0.15	0.71	0.51	93.93	0.89	0.08	92.32
			0.20	0.72	0.50	94.75	0.91	0.07	92.98
			0.25	0.74	0.53	93.68	0.89	0.08	91.98
		滴头朝下	0.05	0.70	0.53	95.77	0.94	0.05	94.51
			0.10	0.81	0.58	95.49	0.93	0.06	93.95
			0.15	0.81	0.48	94.52	0.91	0.08	91.57
			0.20	0.74	0.43	94.04	0.90	0.09	91.03
			0.25	0.72	0.58	95.91	0.94	0.05	95.07
	0.10	滴头朝上	0.05	0.71	0.49	95.51	0.93	0.06	93.82
			0.10	0.70	0.48	94.97	0.91	0.07	92.98
			0.15	0.71	0.46	94.77	0.91	0.07	92.59
			0.20	0.66	0.42	94.69	0.90	0.08	92.18
			0.25	0.64	0.40	94.10	0.89	0.09	90.92
		滴头朝下	0.05	0.71	0.59	96.44	0.95	0.04	95.53
			0.10	0.68	0.56	97.05	0.96	0.04	96.10
			0.15	0.69	0.51	96.06	0.94	0.05	94.69
			0.20	0.72	0.52	95.94	0.94	0.06	94.48
			0.25	0.70	0.54	96.44	0.95	0.05	95.33
文丘里加气	0.05	滴头朝上	0.05	0.71	0.47	93.62	0.89	0.09	91.27
			0.10	0.71	0.49	94.26	0.90	0.08	92.37
			0.15	0.71	0.50	93.87	0.89	0.08	91.83
			0.20	0.70	0.49	93.50	0.88	0.09	91.49
			0.25	0.70	0.47	93.71	0.89	0.08	91.96
		滴头朝下	0.05	0.74	0.53	95.32	0.93	0.07	93.50
			0.10	0.71	0.57	95.90	0.95	0.05	95.10
			0.15	0.76	0.53	95.10	0.92	0.06	93.50
			0.20	0.77	0.53	95.21	0.92	0.07	93.48
			0.25	0.77	0.42	94.29	0.90	0.08	91.54
	0.10	滴头朝上	0.05	0.73	0.24	91.31	0.83	0.13	86.52
			0.10	0.65	0.43	94.29	0.89	0.08	92.06
			0.15	0.64	0.39	94.48	0.90	0.09	91.40

续表

加气方式	管网压力/MPa	滴头朝向	施肥罐进出口压差/MPa	施肥量最大值/g	施肥量最小值/g	Cu/%	DU	Cv	Us/%
文丘里加气	0.10	滴头朝上	0.20	0.64	0.40	94.56	0.90	0.08	92.00
			0.25	0.65	0.45	94.67	0.90	0.08	92.31
		滴头朝下	0.05	0.73	0.36	95.56	0.93	0.08	92.17
			0.10	0.69	0.54	96.27	0.95	0.05	95.22
			0.15	0.74	0.57	96.32	0.95	0.05	95.01
			0.20	0.73	0.52	95.68	0.94	0.06	93.99
			0.25	0.81	0.55	95.77	0.94	0.06	93.51

表3-11　不同条件下溶解氧含量均匀性评价指标

加气方式	管网压力/MPa	滴头朝向	施肥罐进出口压差/MPa	溶解氧含量最大值/mg	溶解氧含量最小值/mg	Cu/%	DU	Cv	Us/%
微纳米加气	0.05	滴头朝上	0.05	9.94	8.02	96.14	0.94	0.05	95.26
			0.10	10.20	7.41	95.10	0.93	0.06	93.82
			0.15	9.88	8.27	96.30	0.94	0.05	95.48
			0.20	10.04	8.17	96.38	0.95	0.05	95.43
			0.25	9.81	8.21	95.78	0.95	0.05	95.17
		滴头朝下	0.05	9.93	8.20	95.79	0.94	0.05	94.98
			0.10	10.21	8.14	95.15	0.93	0.06	94.24
			0.15	11.54	6.69	94.55	0.92	0.08	92.42
			0.20	9.78	6.72	95.51	0.93	0.06	94.12
			0.25	10.61	8.48	95.30	0.93	0.06	94.36
	0.10	滴头朝上	0.05	12.66	10.48	96.07	0.95	0.05	95.16
			0.10	12.98	11.08	96.75	0.96	0.04	96.17
			0.15	12.83	11.06	96.62	0.96	0.04	96.15
			0.20	13.29	11.61	96.90	0.96	0.04	96.33
			0.25	13.44	11.64	97.00	0.96	0.04	96.39
		滴头朝下	0.05	15.06	12.54	97.16	0.96	0.04	96.27
			0.10	14.07	11.48	97.49	0.96	0.03	96.54
			0.15	14.86	12.30	97.19	0.96	0.04	96.32
			0.20	14.98	12.35	97.24	0.96	0.04	96.21
			0.25	15.51	13.33	97.42	0.96	0.03	96.66

续表

加气方式	管网压力/MPa	滴头朝向	施肥罐进出口压差/MPa	溶解氧含量最大值/mg	溶解氧含量最小值/mg	*Cu*/%	*DU*	*Cv*	*Us*/%
文丘里加气	0.05	滴头朝上	0.05	10.05	8.06	96.47	0.95	0.04	95.56
			0.10	9.64	8.24	96.45	0.95	0.04	95.91
			0.15	9.42	8.05	96.81	0.95	0.04	96.09
			0.20	9.23	7.63	96.55	0.95	0.04	95.89
			0.25	9.35	7.69	96.29	0.94	0.04	95.50
		滴头朝下	0.05	9.68	7.66	96.22	0.94	0.05	95.18
			0.10	8.94	7.81	96.66	0.95	0.04	96.17
			0.15	9.63	7.58	95.79	0.93	0.05	94.62
			0.20	9.43	7.54	95.36	0.93	0.06	94.30
			0.25	9.69	5.83	94.85	0.91	0.07	92.76
	0.10	滴头朝上	0.05	13.94	8.87	95.93	0.94	0.06	93.69
			0.10	12.65	9.98	96.26	0.95	0.05	95.35
			0.15	12.41	10.57	96.83	0.96	0.04	96.13
			0.20	12.33	10.42	96.96	0.96	0.04	96.37
			0.25	12.70	10.96	97.10	0.96	0.04	96.49
		滴头朝下	0.05	13.95	10.84	96.77	0.95	0.04	95.80
			0.10	13.75	11.49	96.84	0.95	0.04	96.13
			0.15	14.57	12.08	96.72	0.95	0.04	95.76
			0.20	14.24	11.34	96.44	0.95	0.04	95.51
			0.25	14.14	11.76	97.23	0.96	0.04	96.38

对各试验组的灌水量、施肥量和溶解氧含量的 *Cu* 分别取平均值，对比分析可知，不加气时灌水量均匀性最好 *Cu* 为 96.19%，微纳米加气次之 *Cu* 为 96.03%，文丘里加气最差 *Cu* 为 95.92%。施肥量均匀性则以微纳米加气最优 *Cu* 为 95.09%，不加气试验组管网 *Cu* 的平均值为 94.73%，文丘里加气的 *Cu* 为 94.68%。而加气条件下，溶解氧含量均匀性相差无几，微纳米加气与文丘里加气 *Cu* 的均值分别为 96.29% 和 96.43%。

通过方差分析发现，系统的工作压力对灌水量、施肥量和溶解氧含量均匀性的影响均可达到极显著性水平（$\alpha<0.01$），而其他工作参数如加气方式、施肥罐进出口压差等对灌水量、施肥量和溶解氧含量均匀性的影响作用并未达到显著性水平（$\alpha>0.05$），而滴头朝向仅对施肥量均匀性的影响作用达到了极显著性水平，对灌水量和溶解氧含量均匀性的影响作用均没有达到显著性水平（表 3-12）。由此可见，加气对滴灌系统的水肥均匀性影响并不显著。

表3-12　水肥气均匀性方差分析

工作参数	显著性		
	灌水均匀性	施肥均匀性	加气均匀性
工作压力	0.000	0.009	0.000
加气方式	0.391	0.453	0.813
滴头朝向	0.034	0.000	0.554
施肥罐压差	0.830	0.862	0.998

根据ASAE标准EP 458（1997），可通过统计均匀系数*Us*对滴灌系统均匀性划分等级并进行评价，见表3-13。本章依据*Us*大小对不同加气方式、工作压力及滴头朝向组合时的滴灌系统灌水、施肥、加气质量进行评估（表3-14）。结果表明，不加气条件下，滴头朝上设置的滴灌系统灌水质量最好，均为优，而滴头朝下的介于良和优之间；施肥质量则全部在良和优之间。加气条件下，灌水质量在工作压力$P=0.1$MPa时全部为优，工作压力$P=0.05$MPa时则介于良和优之间；施肥质量除了微纳米加气、工作压力$P=0.1$MPa、滴头朝下的组合条件下为优外，其他均介于良和优之间；加气质量除了工作压力$P=0.05$MPa、滴头朝下的组合条件下介于良和优之间外，其他均为优。整体来看，工作压力$P=0.1$MPa以及滴头朝下设置的加气滴灌系统灌水、施肥、加气质量更优，其中微纳米加气方式、工作压力$P=0.1$MPa以及滴头朝下的组合条件下系统灌水、施肥、加气质量全部为优（表3-14）。

表3-13　均匀度评价

Us	100～95	90～85	80～75	70～65	<60
等级	优	良	中	差	不合格

表3-14　不同条件下加气滴灌系统水肥气均匀性评价结果

加气方式	工作压力/MPa	滴头朝向	灌水器流量	施肥总量	溶解氧含量
不加气	0.05	滴头朝上	优	良～优	—
		滴头朝下	良～优	良～优	—
	0.10	滴头朝上	优	良～优	—
		滴头朝下	良～优	良～优	—
微纳米加气	0.05	滴头朝上	良～优	良～优	优
		滴头朝下	良～优	良～优	良～优
	0.10	滴头朝上	优	良～优	优
		滴头朝下	优	优	优
文丘里加气	0.05	滴头朝上	良～优	良～优	优
		滴头朝下	良～优	良～优	良～优
	0.10	滴头朝上	优	良～优	优
		滴头朝下	优	良～优	优

3.3 本章小结

本章采用均匀性试验的方法，以加气滴灌为研究对象，分别研究了滴灌系统在不加气、微纳米加气与文丘里加气方式下，滴灌带沿程灌水器流量、施肥总量和溶解氧含量的空间分布特征，并对其进行了均匀性评价，获得的主要结论如下：

（1）加气条件下滴灌带沿程灌水器流量变化趋势与不加气时一致，均沿滴灌带方向逐渐减小，但是，加气对沿程灌水器流量的衰减速度有一定影响，与传统不加气滴灌相比，滴灌带滴头出口朝上铺设时，两种加气方式均对灌水器流量下降速度没有显著影响，而当滴头出口朝下时，微纳米加气方式下灌水器流量下降速度要小于文丘里加气；对比施肥总量的分布规律，两种加气方式均在一定程度上增加了滴灌带沿程施肥总量的波动；溶解氧含量的变化规律表明，在两种加气方式下，滴灌带沿程溶解氧含量空间分布特征变化趋势相似，但是微纳米加气的溶解氧含量明显更高。

（2）对灌水器流量、施肥总量和溶解氧含量的显著性分析表明，加气对灌水器流量影响并不显著，但是对施肥总量和溶解氧含量的空间分布均具有显著性影响。尤其是在对三个试验组施肥总量的空间分布进行多重比较后发现，微纳米加气方式对施肥总量分布的影响不显著，而文丘里加气则对施肥总量的空间分布有显著影响。

（3）不同加气条件下管网水肥气的均匀性不同，主要表现在：不加气时灌水均匀性最好，施肥均匀性则以微纳米加气最优，而加气条件下，溶解氧含量均匀性几乎没有差别；对滴灌系统工作参数的方差分析表明，系统工作压力对水肥气均匀性的影响均可达到极显著性水平（$\alpha<0.01$），滴头出口朝向仅对施肥均匀性的影响达到了显著性水平，各参数对溶解氧含量均匀性均未达到显著水平。

（4）以均匀系数为指标，对加气滴灌系统不同加气方式、工作压力及滴头出口朝向等技术参数下的灌水、施肥、加气质量进行等级评估发现，在对比试验组中，滴头出口朝上设置的滴灌系统灌水质量最好，均为优；施肥质量全部在良和优之间；加气试验组中，加气质量最优，其次为灌水质量，施肥质量最差；整体来看，加气试验组在工作压力为0.10MPa、滴头朝下条件下的灌水、施肥、加气质量更优，其中微纳米加气方式、工作压力为0.10MPa、滴头朝下的组合条件下灌水、施肥、加气质量全部为优。

第4章

加气滴灌灌水器堵塞规律试验研究

目前，关于加气滴灌灌水器堵塞规律的相关研究鲜有报道。研究加气滴灌系统工作过程中灌水器流量动态变化过程，探究灌水器堵塞发展规律，有助于进一步了解加气对滴灌系统性能的影响机理，对加气滴灌技术应用与推广至关重要。根据微纳米气泡发生器和文丘里喷射器两种典型加气装置的产气特征，对比分析在这两种加气方式下，滴灌管网水肥气空间分布及均匀性的研究结果可知，微纳米加气方式更适合滴灌系统。因此，本章以微纳米加气滴灌为研究对象，选取5种不同类型的灌水器，开展加气滴灌灌水器堵塞试验。从灌水器平均流量比（*Dra*）变化过程的角度入手，以克里斯琴森均匀系数（*Cu*）和统计均匀系数（*Us*）作为均匀性评价指标，研究微纳米加气滴灌灌水器堵塞的形成和发展过程，探求微纳米加气方式对不同类型灌水器堵塞的影响规律，研究微纳米加方式下灌水均匀性对灌水器堵塞的响应特征，为通过加气方式提高滴灌灌水器抗堵塞性能提供理论支撑。

4.1 材料与方法

4.1.1 灌水器选型

为了研究微纳米加气方式对不同类型滴灌灌水器堵塞规律的影响，试验选取市场上较为常用的5种灌水器为研究对象，试验前分别对灌水器的流量—压力关系和变异系数进行测试。测试得到的灌水器的结构参数和性能指标见表4-1，由表可知，灌水器E2、E4具有良好的压力补偿性能，其他灌水器的流态指数为0.46～0.48。根据灌水器质量划分标准（ASAE Standards，2003b），5种灌水器的质量均为“优”。

4.1.2 试验装置

试验设置加气试验和对比试验两个试验组，试验装置如图4-1所示。其中，加气试验组由首部和测试部分组成。首部包括两个串联水箱（单个容积0.2m^3）、微纳

表 4-1　　试验用灌水器参数和性能指标

编号	灌水器型号	额定流量/(L/h)	间距/m	连接方式	补偿功能	流道尺寸/mm			流量系数 k	流态指数 m	变异系数 Cv/%
						宽	深	长			
E1	ARIES 16250	1.9	0.3	内镶贴片	非压力补偿	0.76	1.03	65	0.693	0.46	3.25
E2	DRIPNET PC 16009	2	0.3	内镶贴片	压力补偿	1.02	0.88	8	1.969	0.01	3.16
E3	ARIES 16250	1	0.3	内镶贴片	非压力补偿	0.6	0.74	65	0.347	0.48	1.74
E4	DRIPNET PC 16150 FL	1	0.4	内镶贴片	压力补偿	0.76	0.73	8	1.003	0.01	3.13
E5	PC EXTRA DDC1620050	2	0.5	柱状	非压力补偿	NA	NA	NA	0.218	0.46	2.20

米气泡发生器（气泡粒径 200nm～4μm，气泡发生量 2～2.5m^3/h，云南夏之春环保科技有限公司）、变频泵（额定流量 3m^3/h，扬程 50m，功率 1.5kW）、网式过滤器（AZUD，120 目）、阀门、压力表（上海自动化仪表有限公司，0.4 级，量程 0.25MPa）等。测试部分包括 3 组试验平台，每组试验平台安装 5 条滴灌带（E1～E5 号滴灌带各 1 条，长 10m，间距 0.2m），滴灌带下方安装有一定坡度的集水槽，集水槽与水箱连接，可将通过灌水器的试验介质收集至串联水箱。对比试验组除了首部不安装微纳米气泡发生器外，其他均与加气试验组保持一致。为了进一步消除物理堵塞的影响，本试验每天在开始前清洗过滤器，同时试验采用了循环供水系统，试验水源在经过水箱Ⅰ的沉淀后进入水箱Ⅱ，然后进入试验管道。试验水源经过反复沉淀、过滤，较大程度上降

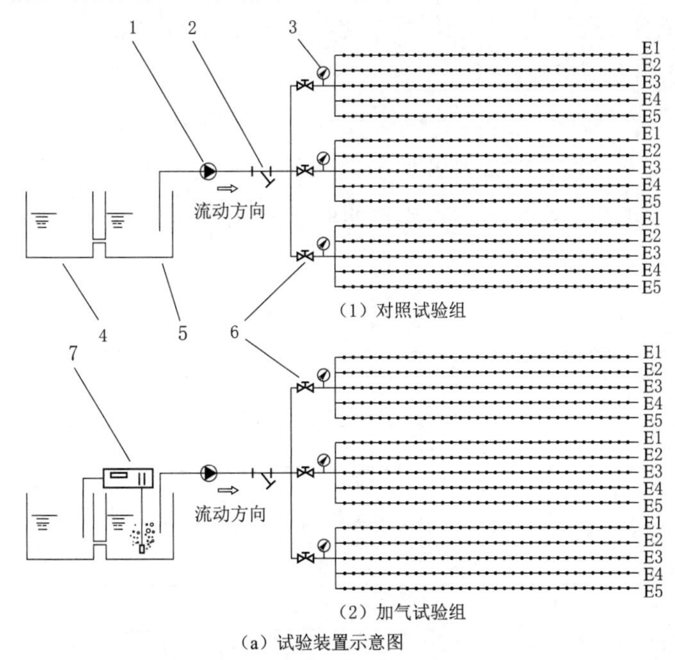

（a）试验装置示意图

图 4-1（一）　试验装置

1—变频水泵；2—过滤器；3—精密压力表；4—水箱Ⅰ；
5—水箱Ⅱ；6—阀门；7—微纳米气泡发生器

(b) 试验装置实物图

图 4-1（二） 试验装置
1—变频水泵；2—过滤器；3—精密压力表；4—水箱Ⅰ；
5—水箱Ⅱ；6—阀门；7—微纳米气泡发生器

低了水中悬浮颗粒、固体杂质等，减小了灌水器物理堵塞的可能性。但是循环供水极易改变试验水温和系统微生物环境，从而增大了化学和生物堵塞的风险。

试验从 2019 年 5 月 13 日开始，到 2019 年 6 月 25 日结束，每天运行 10h（8：00—18：00），总运行时间为 430h。试验过程中，为弥补由于蒸发、水滴飞溅等原因造成的循环水的损失，每天在试验开始前向水箱补充地下水。试验装置运行期间保持系统工作压力稳定在 0.1MPa，整个试验期间未对毛管进行冲洗。试验水源采用地下水，水质见表 4-2。

表 4-2　　试　验　水　质

全氮 /(mg/L)	全磷 /(mg/L)	化学需氧量 /(mg/L)	溶解性总固体 /(g/L)	钙离子 /(mg/L)	镁离子 /(mg/L)	铁离子 /(mg/L)
6.3	0.36	<15	2.69	96.39	95.4	0.074
锰离子 /(mg/L)	**重碳酸盐 /(mg/L)**	**碳酸盐 /(mg/L)**	**钠离子 /(mg/L)**	**pH**	**全盐量 /(S/cm)**	**硫酸盐 /(mg/L)**
0.022	153.5	26.96	109.50	7.26	2.66	87.31

4.1.3 试验方法

为了监测灌水器堵塞过程，从试验开始，每 5 天测一次灌水器流量。测试时，首先使系统在额定压力下稳定运行 30min，然后每隔 5s 依次在测点正下方放置雨量筒，

12min 后按照放置顺序和时间间隔，依次取出雨量筒，然后用量筒测量雨量筒中的水量，为进一步减小试验测量误差，每次试验均进行 3 次重复。

试验采用平均流量比（discharge ratio variation）Dra 表示灌水器堵塞的发展程度

$$Dra = 100\% \times \frac{\sum_{i=1}^{n} q_i}{n\overline{q_{\text{new}}}} \tag{4-1}$$

式中 q_i——第 i 个取样灌水器的观测流量，L/h；

$\overline{q_{\text{new}}}$——试验前取样点灌水器流量的平均值，L/h；

n——取样点灌水器个数，计算单个灌水器平均流量比时，$n=1$。

灌水器平均流量比 Dra 反映了灌水器平均流量的减小程度，Dra 越小表明灌水器流量衰减程度越大，堵塞就越严重。ISO/TC23/SC18 中认为当 $Dra \leqslant 75\%$ 时，可以判定灌水器发生堵塞。但是，并没有相关标准进一步对灌水器堵塞程度进行等级划分。因此，本章以灌水器平均流量比 $Dra \leqslant 75\%$ 作为灌水器是否发生堵塞的判断依据，并按照 Dra 大小，将灌水器划分为不同堵塞程度等级，见表 4-3。

表 4-3　　灌水器堵塞程度等级

灌水器堵塞程度	Dra	灌水器堵塞程度	Dra
未堵塞	$\geqslant 95\%$	严重堵塞	$20\% \leqslant Dra < 50\%$
轻微堵塞	$75\% \leqslant Dra < 95\%$	完全堵塞	$< 20\%$
堵塞	$50\% \leqslant Dra < 75\%$		

4.1.4 均匀性评价

试验采用克里斯琴森均匀系数 Cu、统计均匀系数 Us 评价灌水器堵塞对滴灌系统均匀性的影响，均匀系数的计算方法详见第 3 章。

4.2 结果与分析

4.2.1 灌水器堵塞变化规律

图 4-2 表示了加气试验组和对比试验组中各类型灌水器的平均流量比 Dra 随试验时间的变化情况，图 4-3 表示各试验组中不同堵塞程度灌水器数量随试验时间的变化情况。由图 4-2 可知，两个试验组中，各类型灌水器发生堵塞的过程均较为相似：在试验初期，灌水器的 Dra 均大于 95%，此时灌水器并未发生堵塞，Dra 曲线表现平缓。当灌水器的 Dra 减小至 95%后，认为灌水器发生轻微堵塞，此时 Dra 曲线开始急剧下降。这一结果表明，灌水器堵塞在试验初期是一个缓慢发展的过程，但

是随着试验的进行，灌水器的堵塞在逐步发展，当灌水器一旦发生轻微堵塞，其堵塞状况就会迅速恶化。也就是说，随着试验的进行，各试验组灌水器的 *Dra* 逐渐减小，灌水器的堵塞状态从未堵塞到轻微堵塞是一个缓慢发展的过程，当轻微堵塞发生后，灌水器的堵塞程度会迅速发展，进而形成堵塞和严重堵塞，甚至完全堵塞。

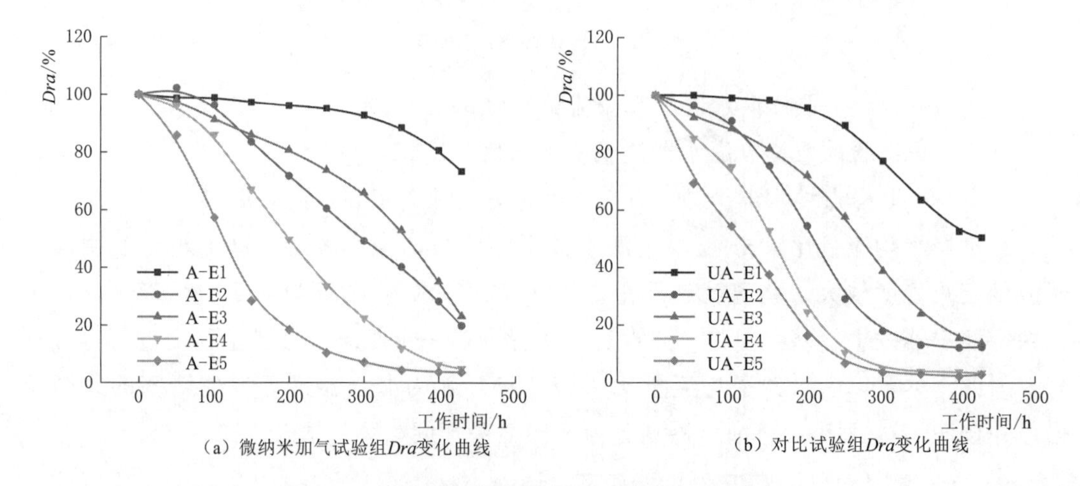

(a) 微纳米加气试验组*Dra*变化曲线　(b) 对比试验组*Dra*变化曲线

图 4-2　灌水器平均流量比 *Dra* 随试验时间的变化

对试验结果进行分析发现，在相同条件下，不同类型灌水器堵塞程度差异较大。其中，最明显的是圆柱型灌水器 E5 和其他内镶贴片式灌水器（E1～E4）之间的差异。由图 4-2 可知，灌水器 E5 的 *Dra* 曲线下降非常明显。相应地，在图 4-3 中，灌水器 E5 与同时期其他灌水器（E1～E4）相比，发生堵塞的灌水器数量也最多。当试验进行至 200h，灌水器 E5 的未堵塞灌水器的数量减小为 0。这更进一步地说明了灌水器 E5 发生堵塞的速度远远高于其他灌水器。由表 4-1 可知，灌水器 E1 和 E2 的额定流量和变异系数均相差无几，灌水器 E1 为非压力补偿灌水器，灌水器 E2 为压力补偿灌水器。在图 4-2 中，灌水器 E1 的 *Dra* 曲线更为平缓，并且在图 4-3 中灌水器 E1 发生堵塞的时间也晚于 E2，在相同时期，堵塞程度更严重的灌水器数量也明显少于 E2，表明灌水器 E1 的堵塞发生过程较为缓慢，抗堵塞性能更好；同样地，灌水器 E3 的抗堵塞性能优于灌水器 E4。因此，在被测灌水器中，无压力补偿功能的灌水器比压力补偿功能的灌水器抗堵塞性能更好。

对于同一类型，不同额定流量的灌水器，他们在相同条件下堵塞规律也有所不同。根据表 4-1，灌水器 E1、E2 的额定流量分别为灌水器 E3、E4 的 2 倍。在图 4-2 中。灌水器 E1、E2 的 *Dra* 曲线的下降速度也分别明显慢于灌水器 E3、E4。由图 4-3 可知，与灌水器 E1、E2 相比，灌水器 E3、E4 中未堵塞灌水器数量明显少于同时期的灌水器 E1、E2，而相同堵塞程度灌水器数量则多于灌水器 E1、E2。也就是说，相同类型的灌水器，额定流量越大，抗堵塞性能越好。

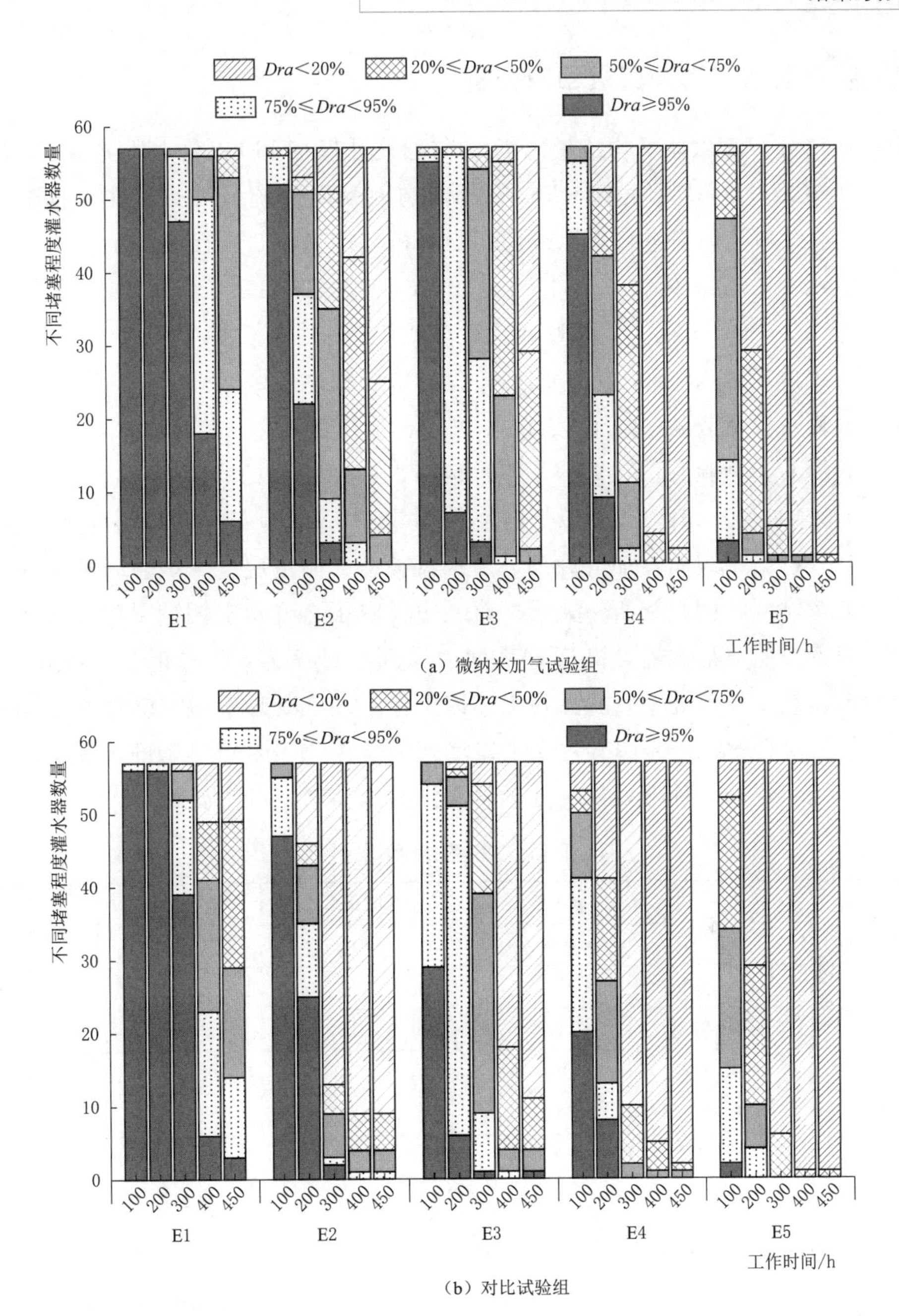

(a) 微纳米加气试验组

(b) 对比试验组

图 4-3 不同堵塞程度灌水器数量随试验时间变化柱形图

微纳米加气对灌水器堵塞的过程影响显著。对比图 4-2 (a)、(b) 可发现，对比试验组灌水器 *Dra* 曲线下降速度明显高于加气试验组。在图 4-3 中也显示，相同型号灌水器，加气处理明显增加了试验初期未堵塞灌水器的数量，并且加气试验组各堵塞程度灌水器数量均小于同时期的对比试验组。因此，可认为微纳米加气可以有效缓解灌水器堵塞的发生过程。

4.2.2 灌水器堵塞影响因素回归分析

为了定量分析灌水器平均流量比 *Dra* 与加气处理（*AI*）、灌水器类型（*ET*）、滴头额定流量（*EQ*）、试验时长（*T*）等各影响因素间的统计关系，在数据分析软件SPSS 22.0中对相关因素进行多元线性回归分析，得到回归方程为

$$Dra = 1252.325 + 10.033\,AI + 18.864\,EQ - 27.119\,ET - 9.493\,T$$

$$(R^2 = 0.877, P < 0.01)$$

其中，决定系数 $R^2=0.877$，回归方程的拟合程度较好。

回归方程系数见表4-4。由表4-4可知，加气处理（*AI*）、灌水器类型（*ET*）、额定流量（*EQ*）、试验时长（*T*）等各影响因素回归系数的 *t* 检验中，其 *t* 值的显著性均为 $P=0.000<0.001$，表明以上各影响因素对 *Dra* 的变化影响均为极显著水平。因此，回归分析结果表明，加气处理、灌水器类型、额定流量、试验时长对灌水器堵塞均有显著影响。在回归分析中，标准化系数反映了自变量对因变量的影响程度，故上述影响因素按照对灌水器堵塞影响程度由大到小排序为：试验时长、灌水器类型、灌水器额定流量、加气处理。虽然在上述因素中，加气处理对灌水器堵塞影响作用相对最小，但 *t* 检验的结果表明其对灌水器堵塞的作用仍然是极显著的，因此，当灌水器和灌溉水源一定的条件下，加气处理对滴灌灌水器堵塞有重要影响。

表4-4　回归方程系数表

参数	非标准化系数		标准化系数	*t*	*P* 值
	B	标准误差	*Beta*		
常数	122.325	5.563	—	21.989	0.000
AI	10.033	2.599	0.139	3.861	0.000
ET	−27.119	1.837	−0.562	−14.759	0.000
EQ	18.864	2.807	0.256	6.721	0.000
T	−9.493	0.452	−0.755	−20.987	0.000

4.2.3 微纳米加气对堵塞时间的影响

为了深入研究微纳米加气对各种灌水器发生堵塞时间的影响，根据图4-2绘制加气试验组和对比试验组中各灌水器发生堵塞（*Dra*=75%）的时间条形图，如图4-4所示。由图4-4可知，在相同条件下，5种不同类型灌水器发生堵塞的时间存在明显差异。其中，灌水器E1发生堵塞的时间最晚，灌水器E5则最早出现堵塞现象，按照发生堵塞的时间，具体表现为E5<E4<E2<E3<E1。

微纳米加气对灌水器堵塞有显著的抑制作用，增强了灌水器的抗堵塞性能。例如，灌水器E1在加气试验组和对比试验组中，发生堵塞的时间分别为422h和306h，

证明微纳米加气使灌水器 E1 的正常工作时间增加了约 38%；同样的，灌水器 E2、E3、E4 的正常工作时间也分别增加了 20%、30%、28%；而加气试验组中，灌水器 E5 的正常工作时间增加了 130%。这进一步证明了微纳米加气处理对灌水器抗堵塞性能的积极作用，特别是对圆柱型灌水器，其发生堵塞的时间增加了 1.3 倍。

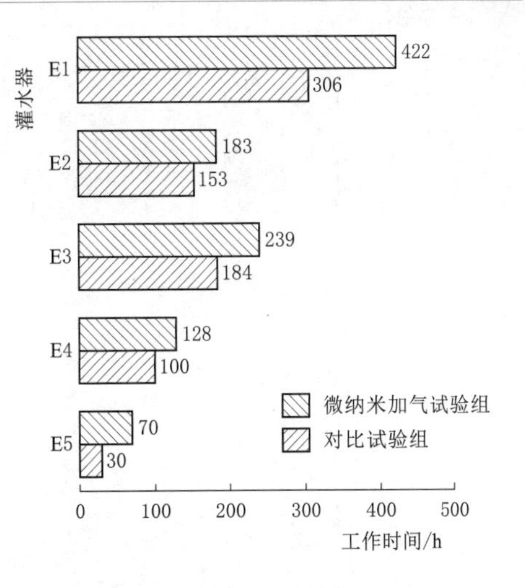

图 4-4 灌水器平均流量比 $Dra=75\%$时的工作时间

对于不同类型的灌水器，在相同工作条件下，圆柱型灌水器 E5 发生堵塞的时间明显早于其他灌水器。在对比试验组，其工作 30h 即发生堵塞；而灌水器 E1、E2、E3、E4 则分别在 306h、153h、184h、100h 才发生堵塞，分别是灌水器 E5 发生堵塞时间的 10.2 倍、5.1 倍、6.1 倍和 3.3 倍。而加气试验组中，他们发生堵塞的时间则分别是圆柱型灌水器 E5 的 4.4 倍、2.2 倍、2.6 倍和 1.4 倍。这表明加气不仅增强了灌水器的抗堵塞性，还减少了不同灌水器间抗堵塞性能的差距。

4.2.4 微纳米加气对灌水器堵塞规律的影响

为了描述灌水器堵塞的发展过程，研究沿滴灌带方向不同位置处灌水器发生堵塞的动态变化，绘制了不同位置处灌水器平均流量比的动态变化热图，如图 4-5 所示。由图 4-5 可知，随着试验的进行，发生堵塞的灌水器数量不断增加。加气试验组灌水器发生堵塞的时间晚于对比试验组，而同一类型灌水器堵塞数量也明显小于相应时间内的对比试验组。对比每一时间段内滴灌带上发生堵塞的灌水器位置，可以发现加气试验组中发生堵塞的灌水器在滴灌带上分布更为均匀。而在对比试验组中，堵塞灌水器首先发生在滴灌带前段，并且随着试验的进行，滴灌带前段的堵塞灌水器数量多于末端，表明在传统滴灌系统中，滴灌带前端更容易发生堵塞。

为了深入研究微纳米加气对堵塞灌水器在管网中位置分布的影响，将滴灌带按铺设长度平均分为前、中、后 3 段，按每段堵塞灌水器数量与该段灌水器总数的比作为该段的堵塞灌水器百分数。各类型灌水器在加气试验组和对比试验组中，堵塞灌水器百分数沿滴灌带的分布情况如图 4-6 所示。由图 4-6 可知，微纳米加气对不同类型灌水器堵塞程度变化的影响不同，堵塞灌水器沿滴灌带的分布也因灌水器类型的不同而发生变化。在对比试验组中，滴灌带前段和后段的堵塞灌水器百分数较大，中段较小，进一步验证了传统滴灌中，滴灌带前段更容易发生堵塞；而对于加气试验组，在堵塞发生初期，只有灌水器 E3 首先在滴灌带中段发生堵塞。与对比试验组相比，各

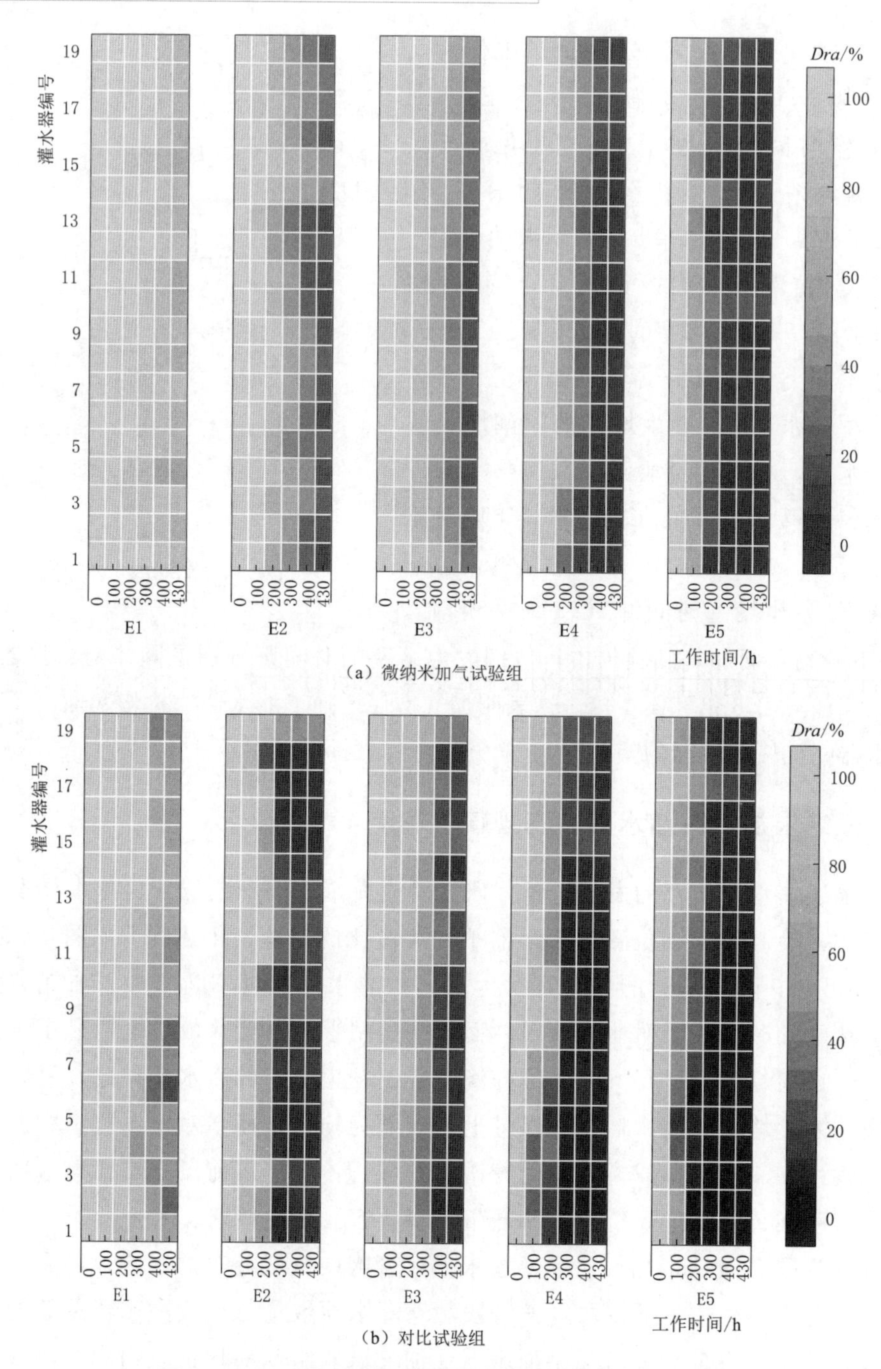

（a）微纳米加气试验组

（b）对比试验组

图4-5　不同位置处灌水器平均流量比的动态变化热图

类型灌水器中，加气试验组在滴灌带中段的堵塞灌水器百分数几乎均高于前段和后段。上述结果说明微纳米加气不仅延缓了灌水器发生堵塞的时间，还影响了发生堵塞灌水器的空间分布，表明微纳米加气对灌水器堵塞程度动态变化有重要影响，并且使灌水器堵塞机制更加复杂。

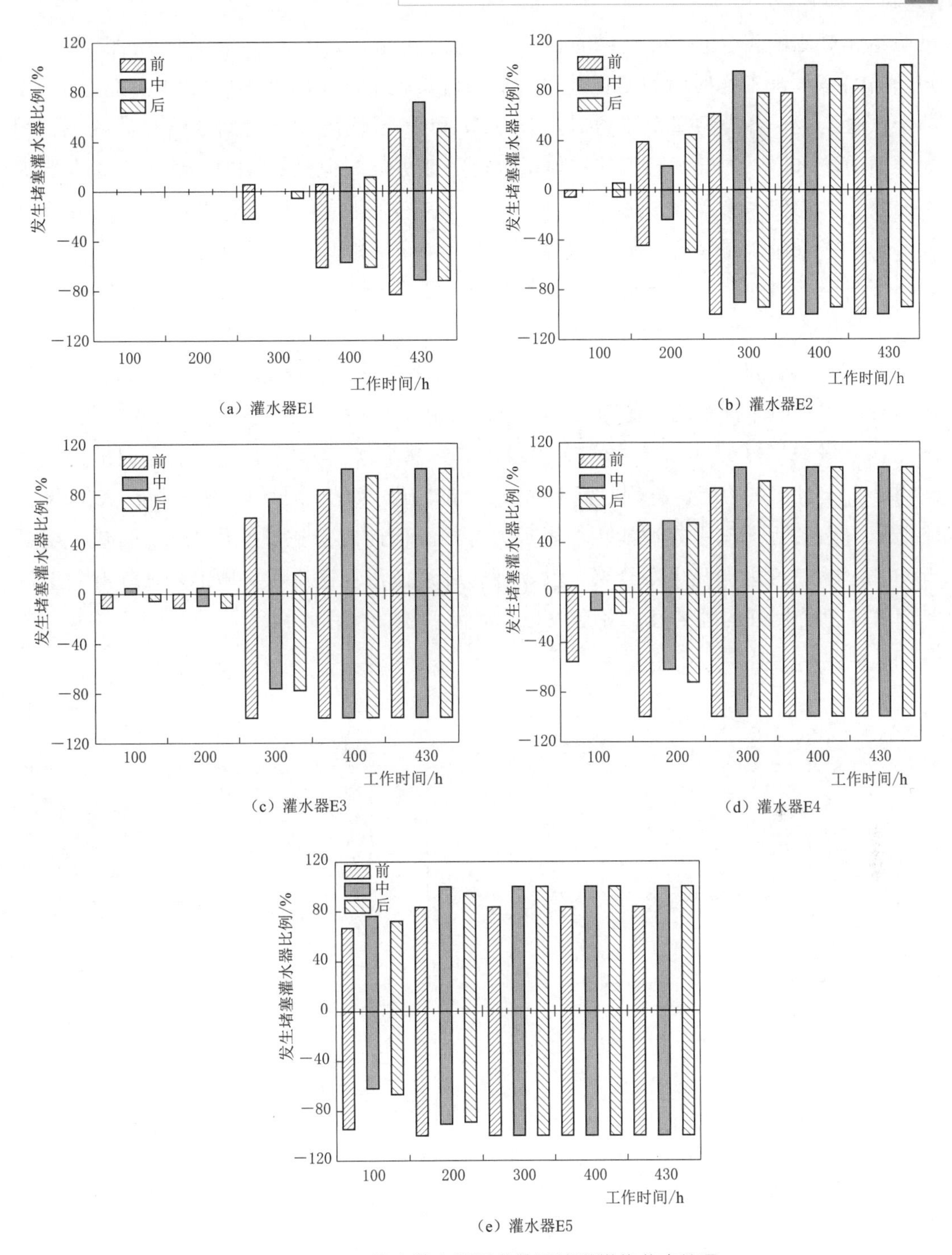

（a）灌水器E1

（b）灌水器E2

（c）灌水器E3

（d）灌水器E4

（e）灌水器E5

图 4-6　不同堵塞灌水器百分数沿滴灌带的分布情况

4.2.5　微纳米加气对均匀系数变化规律的影响

为了研究微纳米加气方式下，灌水器堵塞对系统均匀性的影响，对比分析了加气试验组和对比试验组的 *Cu* 与 *Us* 随运行时间的变化，如图 4－7 所示。由图 4－7 可知，*Cu* 和 *Us* 随工作时间的变化过程与平均流量比 *Dra* 的变化过程相似。总体而言，两个试验组中，各类型灌水器均匀系数（*Cu* 和 *Us*）均随试验时间的增加而减小。相同类型的灌水器，加气试验组的均匀系数稳定性更优。但是在相同条件下，灌水器类型的差异对均匀系数变化速度的影响不同。其中，相同类型的灌水器，额定流量越大，均匀系数保持越稳定（如灌水器 E1 和 E3、E2 和 E4）。而相同额定流量的灌水器，不同类型间的差异也导致均匀系数下降速度差异明显：圆柱型灌水器（E5）均匀系数下降最快，而无压力补偿功能灌水器（E1 和 E3）均匀系数更为稳定。

在 ASAE 标准 EP 458 中，以统计均匀系数 *Us* 大小对系统性能进行评价：*Us* 在 80％～90％时，评价系统性能为“优”；*Us* 小于 60％时，评价系统性能为“不合格”。因此，由图 4－7（b）可知，加气试验组中的各灌水器，其 *Us* 发生不合格时的试验时间明显高于对比试验组。特别是滴灌带 E1，试验结束时，加气处理条件下，其 *Us* 仍略低于 80％，证明其系统性能仍然表现为合格。而此时对比试验组的 *Us* 则减小至将近 40％，系统性能明显为不合格，已不适合继续使用。这说明，微纳米加气有利于使滴灌系统保持良好的均匀性，并有效延长滴灌系统的使用寿命。

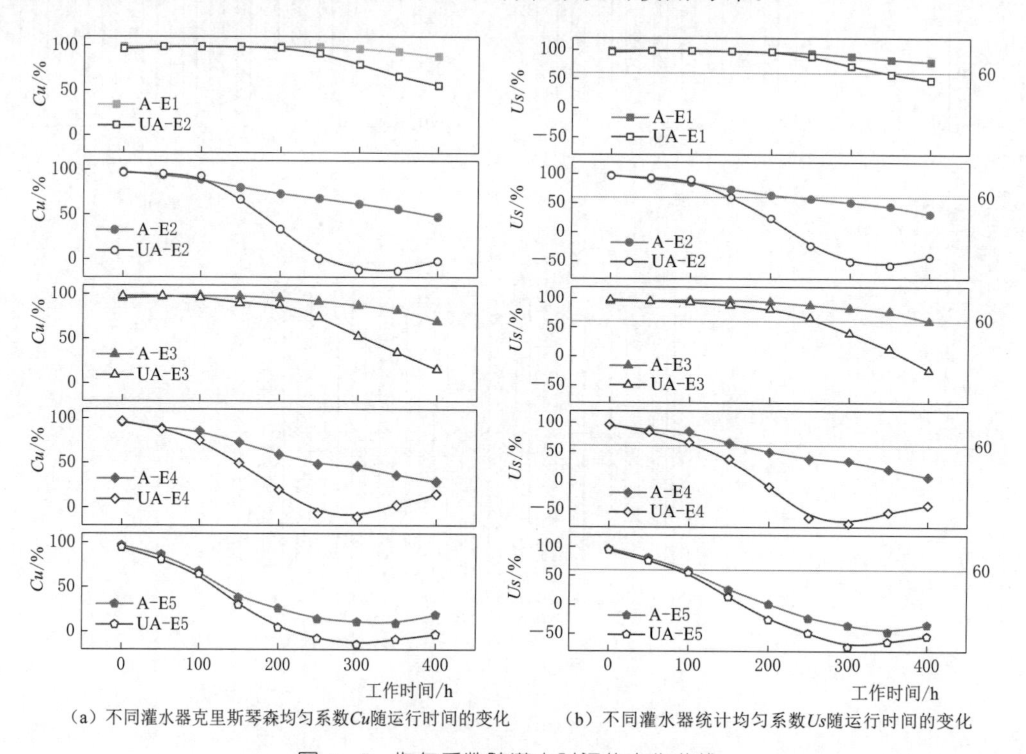

（a）不同灌水器克里斯琴森均匀系数*Cu*随运行时间的变化　（b）不同灌水器统计均匀系数*Us*随运行时间的变化

图 4－7　均匀系数随灌水时间的变化曲线

图 4－8 表示了滴灌系统克里斯琴森均匀系数 *Cu* 和统计均匀系数 *Us* 与平均流量比 *Dra* 之间的关系。由图 4－8 可知，*Dra* 与 *Cu*、*Us* 之间均呈现出良好的线性关系。

在滴灌系统 Dra 相同的条件下，微纳米加气对 Cu 和 Us 的影响具有明显的差异性。从整体来看，加气试验组的 Cu 和 Us 均优于对比试验组。尤其是 Dra 在 95%左右时，Cu 和 Us 出现拐点，并且随着 Dra 的减小，微纳米加气对 Cu 和 Us 的积极作用表现更加明显，说明微纳米加气可以减小滴灌系统的 Cu 和 Us 对 Dra 变化的敏感度，同时也表明微纳米加气不仅可以延缓灌水器堵塞，还可以使灌水器堵塞程度更加均匀，从而减轻因灌水器堵塞而引起的滴灌系统均匀性下降的问题。

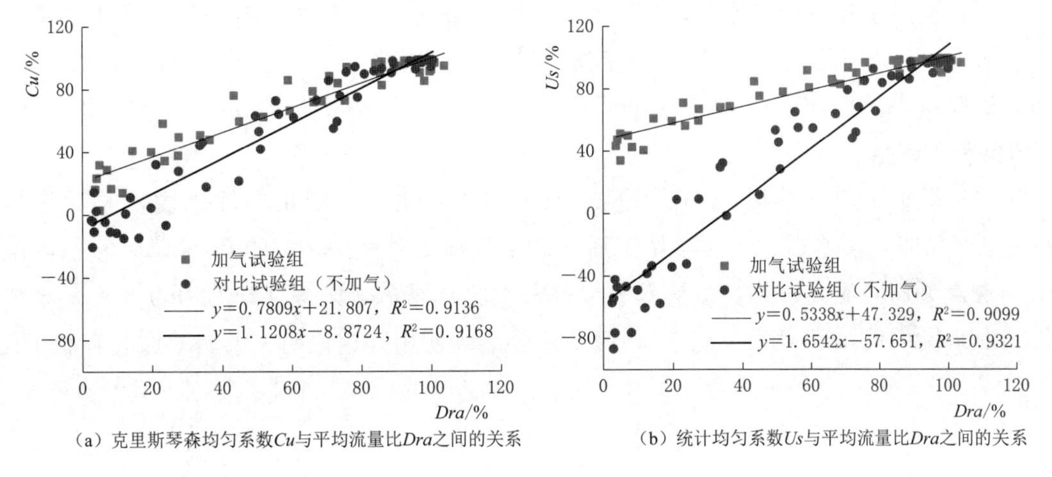

（a）克里斯琴森均匀系数Cu与平均流量比Dra之间的关系
（b）统计均匀系数Us与平均流量比Dra之间的关系

图 4-8　均匀系数与平均流量比的关系

4.3　本章小结

通过灌水器堵塞试验评估了微纳米加气方式和灌水器类型对滴灌灌水器堵塞规律的影响，结论如下：

（1）不同类型灌水器堵塞的发展过程相似：试验初期堵塞发展缓慢，随着试验时间的推进，当轻微堵塞发生后，灌水器堵塞情况会迅速恶化，进而发生堵塞和严重堵塞，甚至完全堵塞。但是不同类型灌水器对堵塞的抵抗能力不同，其中无压力补偿功能的内镶贴片式灌水器抗堵塞能力最优，其次是压力补偿内镶贴片式灌水器，而柱状灌水器抗堵塞能力最差；对于相同类型的灌水器，额定流量越大，灌水器抵抗堵塞的能力就越好。

（2）对灌水器平均流量比 Dra 与加气处理（AI）、灌水器类型（ET）、额定流量（EQ）、试验时长（T）等各影响因素的多元线性回归分析结果表明，加气处理、灌水器类型、额定流量、试验时长对灌水器堵塞的影响均为极显著水平。虽然影响程度由大到小排序为：$T>ET>EQ>AI$，但是回归分析的 t 检验的结果表明加气处理对灌水器堵塞的作用仍然是极显著水平，因此，当灌水器和灌溉水源一定的条件下，微纳米加气对滴灌灌水器堵塞有重要影响。

（3）在相同条件下，不同类型灌水器发生堵塞的时间存在明显差异，具体表现为灌水器E5＜E4＜E2＜E3＜E1。而微纳米加气对灌水器堵塞过程有明显的延缓作用，可以有效增加灌水器的使用寿命，并减小不同灌水器间抗堵塞性能的差距。加气使灌水器E1、E2、E3、E4的正常工作时间分别增加了大约38%、20%、30%、28%；使灌水器E5的正常工作时间增加了130%。对于不同类型的灌水器，在相同工作条件下，圆柱型灌水器发生堵塞的时间明显低于其他灌水器。在对比试验组，灌水器E1、E2、E3、E4分别是灌水器E5发生堵塞时间的10.2倍、5.1倍、6.1倍和3.3倍。而加气试验组中，他们发生堵塞的时间则分别是圆柱型灌水器E5的4.4倍、2.2倍、2.6倍和1.4倍。

（4）微纳米加气可以减小滴灌系统 Cu 和 Us 对 Dra 变化的敏感度，尤其是当 Dra＜95%时，灌水器发生轻微堵塞后，微纳米加气对保持系统的 Cu 和 Us 的积极作用表现得更加明显。因此，微纳米加气有助于使滴灌系统保持良好的均匀性，有效延长滴灌系统的使用寿命。

第 5 章

加气滴灌灌水器堵塞机理研究

微生物群落活动是滴灌灌水器堵塞的启动因素，也是物理堵塞、化学堵塞和生物堵塞发生过程的纽带和桥梁。然而微生物群落易受环境等条件的影响而发生改变，不同的微生物群落具有不同分泌胞外聚合物的能力。在这种情况下，探求引起滴灌灌水器堵塞形成和发展过程的优势微生物群落，明确微生物群落演化过程在灌水器堵塞过程中的关键作用，对揭示灌水器堵塞机理具有重要意义。本章采用扫描电子显微镜及能谱分析仪对灌水器流道附着堵塞物进行形态观测和化学组分分析，并利用 16S rRNA 高通量测序技术，对比分析了灌水器堵塞物的微生物群落结构，探究了灌水器堵塞物中的优势菌群，探讨了灌水器堵塞的生物诱发机理，为滴灌系统加气控堵提供了理论依据。

5.1 材料与方法

5.1.1 灌水器取样

依据第 4 章灌水器堵塞试验，待试验结束后，分别在每根滴灌带的前、中、后位置随机选取 1 个堵塞灌水器作为试验样品，用于堵塞物微生物多样性测定。每根滴灌带作为 1 个重复，每种类型灌水器共进行 3 个重复。按照加气试验组（A）和对比试验组（W），并根据灌水器类型（E1～E5）将试验样品进行分类。例如：A－1－1 表示加气试验组灌水器 E1 的第 1 个重复得到的试验样品。取样时，用无菌处理后的剪刀取下灌水器样品，随即放入无菌袋封装，然后立即放入干冰并转为－80℃冰箱保存。采用同样的方法，对每个类型均选取 3 个堵塞灌水器，用于测定堵塞物的化学组分。

5.1.2 试验测定项目及方法

（1）堵塞物化学组分测定。采用扫描电子显微镜及能谱分析仪（Oxford，英国，

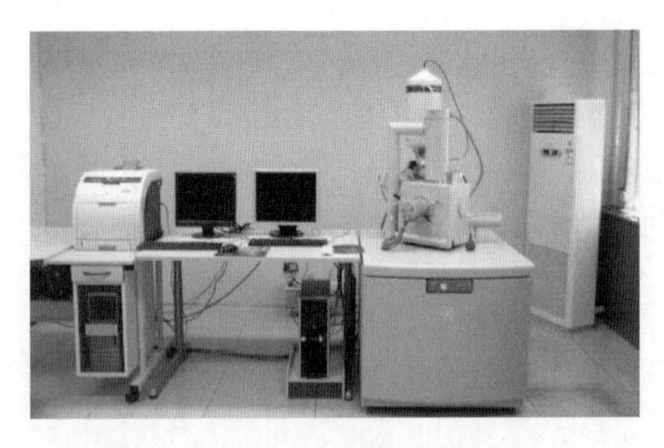

图5-1　扫描电子显微镜及能谱分析仪

图5-1）观测灌水器流道附着堵塞物，并对其进行化学组分分析。具体步骤如下：预先将灌水器样品中的堵塞物采用戊二醛溶液（质量分数2.5%，电镜专用，侨牌）固定24h，将样品用无菌超纯水清洗后，采用乙醇梯度脱水，并进行CO_2临界点干燥，对样品喷金后送电镜扫描分析。使用电镜扫描观测时，分别选取堵塞物多个部位进行拍摄，每次至少拍摄3张照片，同时对样品拍摄处进行能谱分析，以确定其化学元素组成。

（2）堵塞物微生物多样性测定。采用Illumina Miseq高通量测序平台对灌水器堵塞物微生物多样性进行测定分析，以了解微纳米气泡对灌水器微生物环境的影响。使用细菌DNA抽提试剂盒从30个灌水器样品堵塞物中提取基因组DNA后，利用1%琼脂糖凝胶电泳检测抽提基因组DNA的完整性。使用特异性上游引物343F（5′-TACGGRAGGCAGCAG-3′）和下游798R（5′-AGGGTATCTAATCCT-3′）扩增16S rRNA的V3/V4高变区。

5.1.3　生物信息分析及处理

为方便研究灌水器样品堵塞物中微生物群落及物种组成的多样性信息，需对样品的有效序列进行聚类，按照97%的序列相似度将这些序列聚类形成不同的分类单元OTUs。对每个样品而言，OTU丰度构成该样品的组成结构，对样品的生物信息分析均是基于OUT进行的。通过α-多样性和β-多样性研究分析灌水器堵塞物样品微生物群落，其中，α-多样性用于评估堵塞物中微生物群落的物种丰富度与均匀度，β-多样性用于对比分析不同样品物种间的数量和分布差异。本研究中α-多样性指数分析相关参数及功能见表5-1。

表5-1　α-多样性指数分析相关参数及功能

多样性指数	用　途	公　式	备　注
Chao1	丰富度指数，用以估计群落中的物种总数	$S_{chao1}=S_{obs}+\frac{n_1(n_1-1)}{2(n_2-1)}$	S_{chao1}为估计的OTU数，S_{obs}为观测到的OTU数，n_1、n_2分别为只有1条和2条序列的OTU数目
goods_coverage	反映测序深度的指标，越接近于1，说明样品文库的覆盖率越高，越能反映测序结果的准确性	$C_{depth}=1-n_1/N$	N为抽样中出现的总的序列数目
observed_species	随测序深度的增加，实际观测到OTU的个数	—	—

续表

多样性指数	用　途	公　式	备　注
PD_whole_tree	谱系多样性指数，是兼顾考虑进化距离的多样性评估指数	—	—
Shannon	物种丰富度和均匀度指数	$H=-\sum(P_i)(\ln P_i)$	P_i 为样品中属于第 i 种的个体的比

5.2　结果与分析

5.2.1　灌水器堵塞物质分析

在第 4 章中，由于试验用水均来自同一地下水水源，试验中加气试验组和对比试验组的区别仅为在试验过程中是否进行微纳米加气处理，加入的气体为空气，并未带来其他新的物质，在试验过程中也没有因发生化学反应而产生新的物质，因此可以认为两个试验组试验内介质的物理化学组分均相同。在试验结束后，每个试验组共选取 15 个灌水器（其中，每个类型灌水器类型随机选择 3 个），并进行解剖、取样。堵塞灌水器样品如图 5-2 所示。

图 5-2　堵塞灌水器样品

从图 5-2 可以看出，灌水器堵塞物为呈黄白色的固体，均附着在灌水器过滤栅格表面和流道壁面，严重的甚至已经完全充满了灌水器流道，这是导致灌水器发生堵塞的直接原因。另外，加气试验组的各灌水器，过滤栅格和流道内堵塞物附着程度明显少于对照组，表明微纳米加气对堵塞物的生成和附着有显著的抑制作用。选取灌水器 E1、E2 为研究对象，定义加气试验组中灌水器 E1、E2 的堵塞物样品为 A_1、A_2，对比试验组中灌水器 E1、E2 的堵塞物样品为 W_1、W_2。采用扫描电子显微镜观察各灌水器样品中堵塞物的形态，并进行化学组分分析。不同试验组灌水器样品的堵塞物在经过扫描电子显微镜放大后的结果如图 5-3 所示。从图 5-3 中可以看到这些灌水器堵塞物为形状大小不一、表面光滑的不规则柱状晶体，呈簇状、紧密排列，长

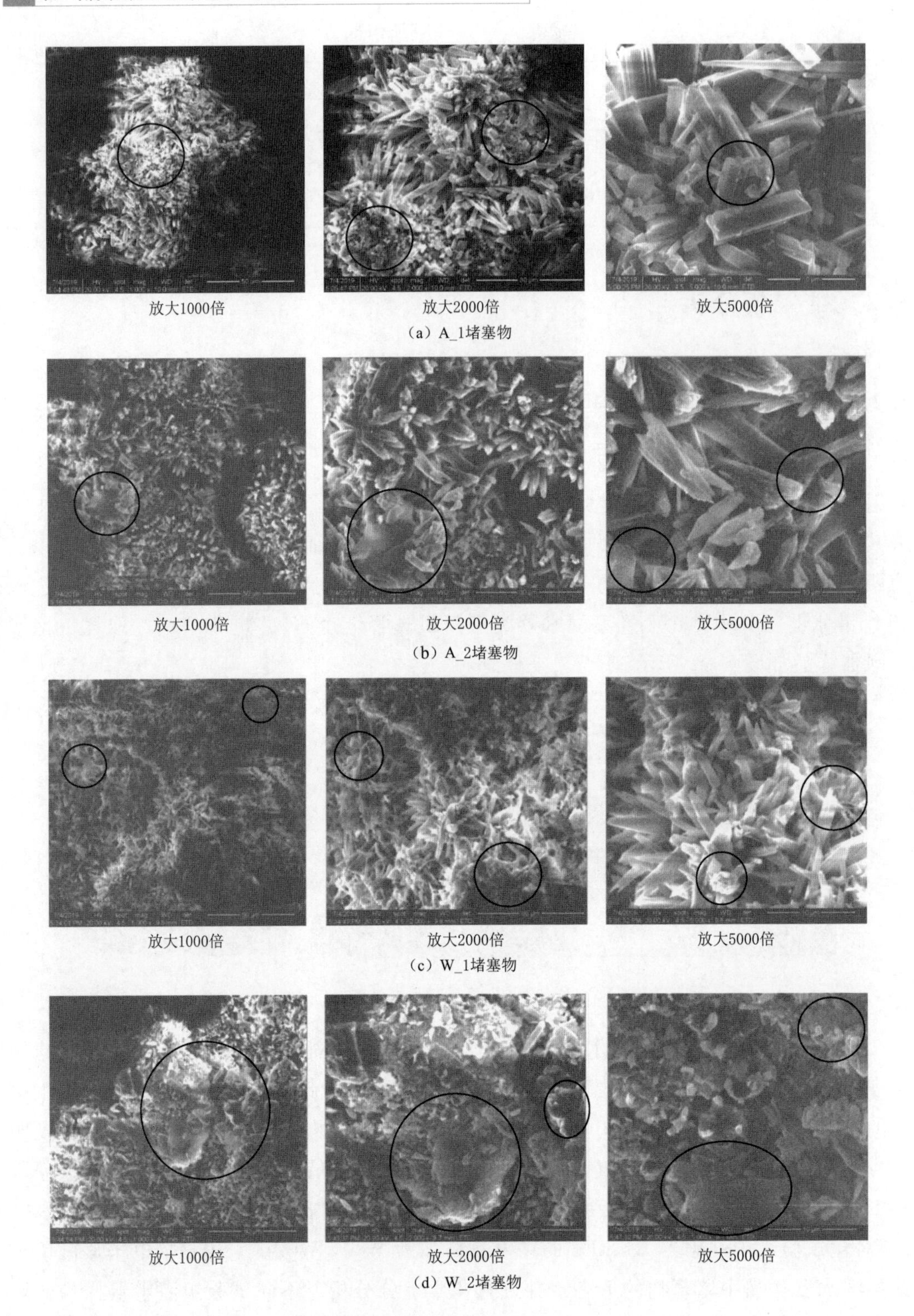

图5-3 灌水器堵塞物扫描电镜结构图
(圈内为堵塞晶体表面的黏性和块状附着物)

度约3～15μm。在这些晶体表面附着了不同程度的黏性和块状物质。整体来看，加气试验组灌水器的堵塞物中，这些附着物相对较少。李云开等（2013）认为这些附着物类似于微生物群落活动的代谢产物等构成的生物膜结构。对比不同类型灌水器，灌水器样品A_1和W_1的堵塞物黏性及块状附着物明显少于A_2和W_2。其中，样品A_1的堵塞物中，这种附着物最少，而样品W_2中最多。因此，试验表明微纳米加气在一定程度上抑制了微生物菌群数量的增加，并减少了其代谢产物，相对于加气试验组，对比试验组灌水器堵塞物中微生物群落更为活跃。

灌水器堵塞物的扫描电镜能谱分析结果显示（表5-2），灌水器堵塞物的主要组成元素为C、O、Si、Ca，其中：C元素重量百分比为9.75%～11.09%、原子百分比为18.79%～20.01%，O元素重量百分比为38.54%～49.08%、原子百分比为58.07%～62.46%，Si元素重量百分比为0.52%～0.74%、原子百分比为0.44%～0.53%，Ca元素重量百分比为28.06%～33.98%、原子百分比为16.57%～17.26%。根据能谱分析报告，两个试验组灌水器堵塞物的主要成分均为碳酸钙（$CaCO_3$）、二氧化硅（SiO_2）和极少量其他化学沉淀的混合物。

由此可见，微纳米加气对灌水器堵塞物质成分并没有本质影响，但是却显著抑制了灌水器流道堵塞物的附着、生成和累积，所以在两个试验组中，灌水器堵塞物的附着程度也存在差异。由于微纳米气泡具有有效抑制微生物群落活动，减少其代谢产物的作用，并且在灌溉水中加入微纳米气泡，还可以进一步去除水中的悬浮颗粒，净化灌溉水质。故相对于加气试验组，对比试验组灌水器中微生物的代谢产物和悬浮颗粒等附着物就更多。这也是加气试验组灌水器堵塞物的附着物明显少于对比试验组的根本原因。

显然，滴灌灌水器堵塞是由灌溉水中杂质—化学沉淀—微生物代谢活动等复杂因素引起的，需要通过结合多种方法进行分析和解决。而在本研究中，微纳米加气能够显著抑制灌水器流道堵塞物的生成和累积过程，减少生物堵塞风险，从而影响或破坏灌水器的物理、化学和生物堵塞过程。

表5-2　灌水器堵塞物能谱分析结果　%

样品		C	O	Si	Ca	Fe	Br	Sn	Sb	Te	I	Au
A_1	重量百分比	11.09	49.08	0.74	33.98	—	1.42	—	—	3.7	—	—
	原子百分比	18.79	62.46	0.53	17.26	—	0.36	—	—	0.59	—	—
	标准样品	$CaCO_3$	SiO_2	SiO_2	Wollastonite	Fe	KBr	—	—	HgTe	—	—
A_2	重量百分比	10.02	39.57	0.52	28.53	0.6	—	1.85	15.09	—	3.81	—
	原子百分比	19.78	58.63	0.44	16.87	0.25	—	0.37	2.94	—	0.71	—
	标准样品	$CaCO_3$	SiO_2	SiO_2	Wollastonite	Fe	—	Sn	Sb	—	Notdefined	—

续表

样品		C	O	Si	Ca	Fe	Br	Sn	Sb	Te	I	Au
W_1	重量百分比	9.75	40.47	0.6	28.21	0.98	—	1.74	14.55	—	3.7	—
	原子百分比	19.11	59.56	0.5	16.57	0.41	—	0.34	2.81	—	0.69	—
	标准样品	$CaCO_3$	SiO_2	SiO_2	Wollastonite	Fe	—	Sn	Sb	—	Notdefined	—
W_2	重量百分比	10.01	38.54	0.52	28.06	0.58	—	1.83	14.85	—	3.74	1.88
	原子百分比	20.1	58.07	0.44	16.88	0.25	—	0.37	2.94	—	0.71	0.23
	标准样品	$CaCO_3$	SiO_2	SiO_2	Wollastonite	Fe	—	Sn	Sb	—	Notdefined	Au

5.2.2　16S rRNA 基因测序特征

为了对比加气试验组和对比试验组各类型灌水器堵塞物之间的微生物群落结构，利用 Illumina miseq 平台对 16S rRNA 基因 v3－v4 区进行了测序。对灌水器堵塞物样品的原始数据在经过质量和嵌合体过滤后，从 2 组 30 个堵塞物样品中共获得了 1936123 个高质量序列，这些序列以 97％的相似度聚集到 3922 个 OTU 中，每个样品包含 915～1718 个不同的 OTU（每个样品包括 3 个灌水器堵塞物，每个试验组包括 5 个样品）。同时，计算了所有灌水器堵塞物样品中微生物的多样性和丰富度指数，见表 5－3。对于不同类型的灌水器，其堵塞物每个样品的 goods _ coverage 指数均大于 97.59％（从 0.9759586400283 到 0.9889204346306），表明所识别的序列可以代表每个样品中的大部分细菌。其中，用于量化样品丰富度的 Chao1 指数介于 1292.291004058～2679.953435037 之间，量化物种多样性的 Shannon 指数介于 6.437100544～7.893781038 之间，simpson 指数介于 0.9425055348481～0.9896443030618 之间，PD_whole_tree 指数介于 83.64742～121.726016 之间。根据计算的样品多样性指数，分别绘制两个试验组样品中细菌种类的丰富度和多样性箱型图，如图 5－4 所示。由图 5－4 可知，加气试验组堵塞物样品 α-多样性指数均小于对比试验组。此外，受灌水器类型的影响，不同类型灌水器的堵塞物样品 α-多样性指数表现不同，这种表现特征可以通过微纳米气泡抑制微生物生长的特性来解释。

灌水器堵塞物样品中细菌群落结构的分析表明，加气试验组灌水器堵塞物中的 OTUs 和 Chao1、Shannon 指数相对于对比试验组均发生了不同程度的减少，说明对滴灌系统进行微纳米加气减小了灌水器堵塞物中微生物群落的多样性和丰富度。由于在同一时期内，加气试验组灌水器堵塞程度显著小于对比试验组。因此，可以认为灌水器内微生物群落多样性和优势度越大，其堵塞程度就越高。这一结论与 Zhou 等（2017）研究结果一致。Zhou 等还认为在灌水器堵塞物中关键细菌的数量和类型的增加，会加速灌水器堵塞进程。

表 5-3 不同加气处理和灌水器类型的样品丰富度和多样性指数（OTU 截止值为 0.03）

编号	clean_tags	操作单元 OUTs	α-多样性指数					
			Chao1	goods_coverage	observed_species	PD_whole_tree	Shannon	Simpson
A_1_1	29588	915	1292.291004	0.988920435	915	83.64742	7.030419546	0.980834105
A_1_2	66515	1213	2034.197674	0.981352962	1213	101.30463	7.106628537	0.978470695
A_1_3	30954	1067	1700.357334	0.984360322	1066.9	88.836768	6.89465999	0.972929764
A_2_1	32129	1194	1882.850829	0.982478093	1193.9	97.501121	6.928284968	0.973673186
A_2_2	52858	1391	2175.72786	0.980052576	1391	107.10672	7.523178992	0.985264262
A_2_3	100263	1295	2040.576	0.980893796	1295	100.51728	7.305798633	0.981549625
A_3_1	57162	1187	1698.735064	0.985026288	1187	98.29209	7.453820778	0.985213573
A_3_2	48163	1304	1934.93933	0.982509639	1303.9	104.18965	7.601233218	0.986427853
A_3_3	44585	1329	1975.471133	0.982236243	1328.8	105.167752	7.60508772	0.985080098
A_4_1	114812	1338	1959.8936	0.981770067	1337.8	106.029448	7.421342465	0.981273834
A_4_2	62306	1234	1922.387662	0.98338591	1233.8	105.669518	7.60218417	0.987086857
A_4_3	70647	1241	1799.582342	0.983494567	1240.8	98.925049	7.43923391	0.982281243
A_5_1	31719	993	1656.561151	0.984928146	993	85.70471	6.437100544	0.942505535
A_5_2	46957	1718	2488.824985	0.976663162	1717.7	121.726016	7.640794812	0.976163775
A_5_3	129176	1229	1713.169554	0.984146512	1229	88.82737	6.878269784	0.974539581
W_1_1	150770	1242	1930.086374	0.981875219	1241.9	99.443102	7.106150431	0.980724604
W_1_2	32370	1526	2179.238594	0.978846828	1525.5	111.015654	7.669791685	0.987170334
W_1_3	78228	1421	2230.771241	0.979551349	1421	106.96746	7.513431146	0.985404101
W_2_1	79799	1292	2014.307081	0.981808623	1292	105.60794	7.604059628	0.986858875
W_2_2	61968	1409	2122.782622	0.980357518	1409	115.28288	7.643811909	0.986883315
W_2_3	84799	1269	2033.948172	0.982646337	1269	103.42201	7.473014239	0.984921898
W_3_1	49014	1608	2679.953435	0.97595864	1607.9	117.007647	7.821865357	0.988328352
W_3_2	37696	1526	2343.683402	0.97851735	1525.9	117.487699	7.68138749	0.98482553
W_3_3	54873	1388	2100.281957	0.98040659	1387.8	107.759665	7.584181233	0.986997468
W_4_1	35487	1213	1866.516839	0.98360673	1212.6	108.39501	7.661823422	0.989644303
W_4_2	55742	1577	2360.499446	0.977739222	1577	119.96474	7.893781038	0.989155522
W_4_3	80408	1254	1772.102062	0.984265685	1253.9	106.95493	7.740307155	0.98783188
W_5_1	79116	1304	2099.846466	0.980858745	1303.9	103.423181	7.610776686	0.988420302
W_5_2	61324	1178	1884.060171	0.98405538	1177.9	99.47831	7.453508157	0.985598518
W_5_3	76695	1074	1645.868349	0.986680687	1073.9	93.634867	7.474323567	0.987058513

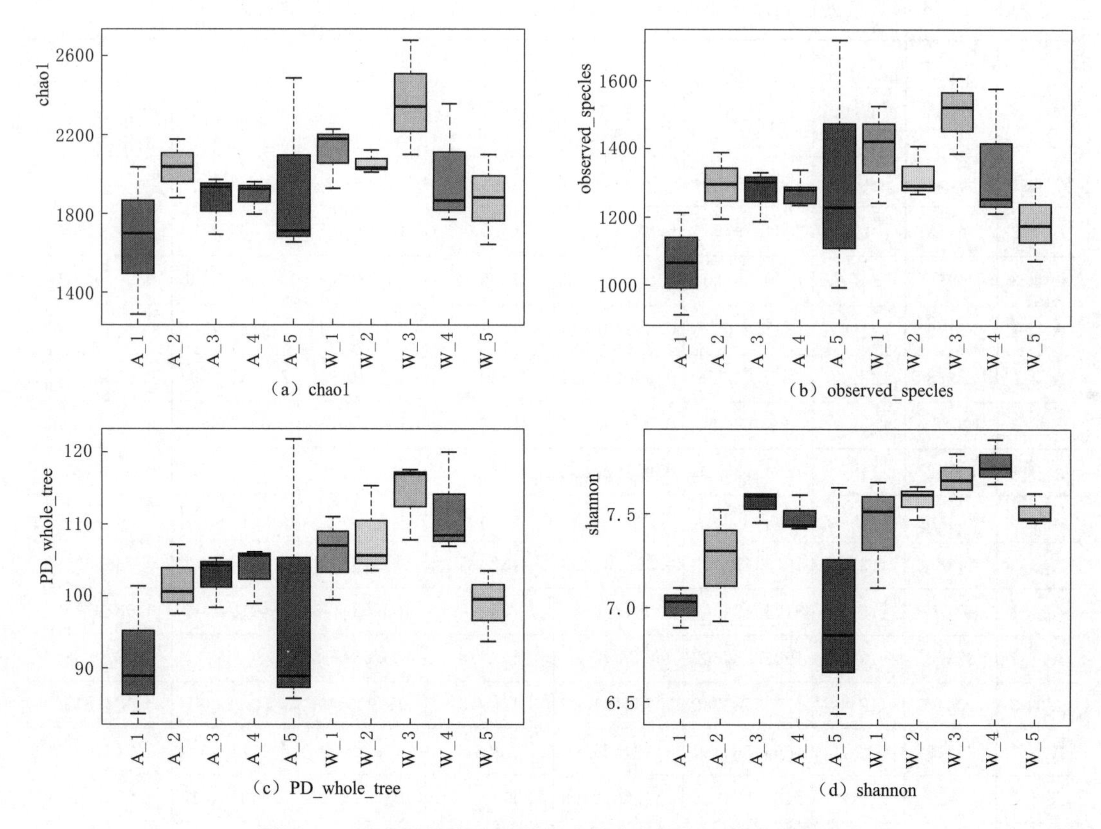

(a) chao1　(b) observed_species

(c) PD_whole_tree　(d) shannon

图5-4　灌水器堵塞物细菌种类的丰富度和多样性箱型图

5.2.3　灌水器堵塞物中微生物群落的分类组成

对所有灌水器堵塞物样品的微生物种群进行分析，从16S rRNA基因序列中鉴定出12个原核生物门，把不能归入已知序列的物种指定为“其他”菌门。其中，所有样品在门分类水平上的细菌群落如图5-5所示。由图5-5可知，在所有灌水器堵塞物样品的序列库中，变形菌门（Proteobacteria，67.87%）是最丰富的门系，其次是拟杆菌门（Bacteroidetes，8.16%）、浮霉菌门（Planctomycetes，6.69%）、酸杆菌门（Acidobacteria，3.84%）、硝化螺旋菌门（Nitrospirae，3.66%）、放线菌门（Actinobacteria，2.58%）、蓝藻门（Cyanobacteria，1.78%）、厚壁菌门（Firmicutes，1.18%）、芽单胞菌门（Gemmatimonadetes，0.87%）、疣微菌门（Verrucomicrobia，0.76%）、俭菌总门（Parcubacteria，0.58%）、衣原体门（Chlamydiae，0.43%）和其他菌门（Other，4.24%）。

使用统计学分析方法，绘制各类型灌水器堵塞物样品在门分类水平上细菌群落结构的柱形图（图5-6），观察不同样品在门分类水平上的物种组成情况。由图5-6可知，在门分类水平上，加气试验组和对比试验组的灌水器堵塞物样品中，变形菌

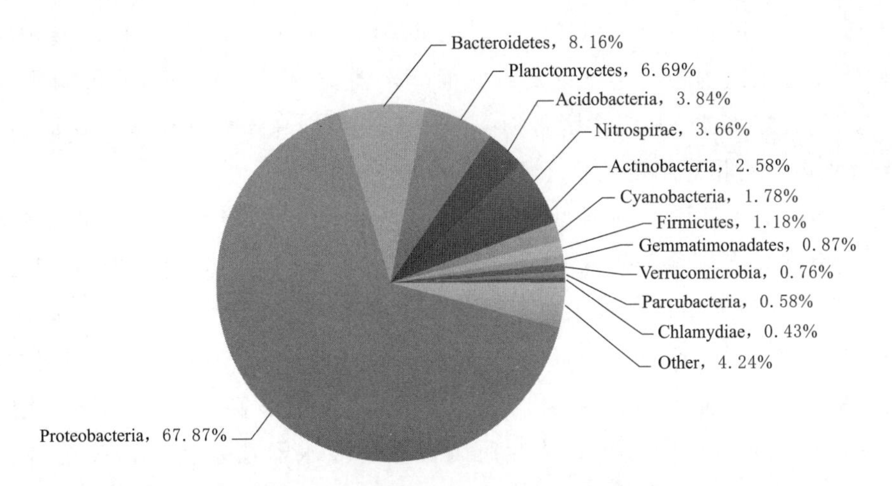

图 5-5　所有样品在门水平上的细菌群落

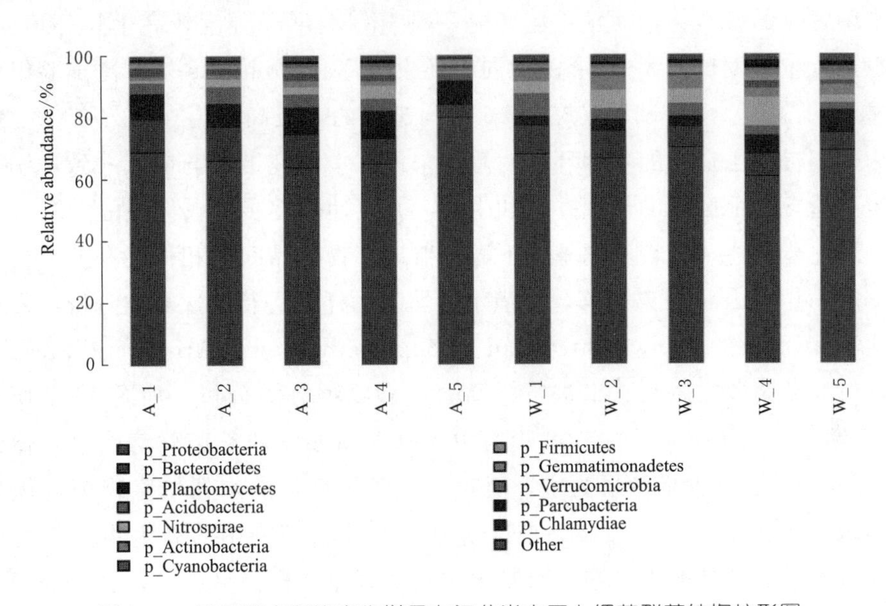

图 5-6　不同灌水器堵塞物样品在门分类水平上细菌群落结构柱形图

门（Proteobacteria）、拟杆菌门（Bacteroidetes）、浮霉菌门（Planctomycetes）、酸杆菌门（Acidobacteria）、硝化螺旋菌门（Nitrospirae）、放线菌门（Actinobacteria）、蓝藻门（Cyanobacteria）、厚壁菌门（Firmicutes）仍然是优势菌群，但是微纳米加气对滴灌灌水器堵塞物的微生物群落存在较为显著的影响。例如，各灌水器堵塞物中，加气试验组的浮霉菌门丰度均高于对比试验组，硝化螺旋菌门和放线菌门则恰恰相反。这表明微纳米加气滴灌更适合浮霉菌门的微生物生长，但可以抑制硝化螺旋菌门和放线菌门的微生物活动。受灌水器类型差异的影响，微纳米加气对不同类型灌水器堵塞物中微生物群落相对丰度的影响程度不同，例如，在灌水器 E1、E2 的堵塞物样品中，加气处理对变形菌门影响并不十分明显；而对于灌水器 E3 的堵塞物样品，在加气试验组中，变形菌门的相对丰度明显低于对比试验组；灌水器 E4、E5 的堵塞物样品中，加气试验组变形菌门的相对丰度则更高。而灌水器类型对拟杆菌门的影响尤为突出，其在加气试验组灌水器 E1、E3 堵塞物中的相对丰度均高于对比试验组，而在灌水器 E2、E4 堵塞物中的相对丰度均低于对比试验组。

通过 16S rRNA 基因的高通量测序技术确定了灌水器堵塞物样品的优势细菌群落，这些微生物群落与灌溉后的土壤以及淡水生物膜中的优势菌群相同，Kévin Lequette（2019）在研究中发现采用再生水灌溉的滴灌灌水器中变形杆菌、拟杆菌和放线菌为优势菌群。Olga Sánchez（2014）认为，厚壁菌门（Firmicutes）细菌群落普遍存在于滴灌系统中，而所有厚壁菌门（Firmicutes）细菌都是革兰氏阳性细菌。在 Zhou 等（2017）的研究中显示，革兰氏阳性菌是灌水器堵塞物的优势菌群。另外，Olga Sánchez 在灌水器堵塞物中还检测出 γ-变形菌和黄单胞菌，其中，γ-变形菌是土壤和水中常见的微生物，而黄单胞菌是一种喜好温度和湿度较高生长环境的细菌。本研究在试验中也发现了 γ-变形菌，同时还发现 Xanthomonas 是对比试验组中具有显著性差异的菌群，由于试验是在 5—6 月间进行的，最高气温在 33～38℃之间，因此恰好为他们提供了良好的生存环境。总的来说，本研究结果与前人一致，滴灌系统内微环境更适合以上菌群的长期存活和生长，并促使其逐步形成优势菌群。

为了进一步描述和比较不同条件下灌水器堵塞物样品间的相似性和差异关系，基于 Unweighted Unifrac 距离矩阵，对灌水器堵塞物样品进行层次聚类分析，使用非加权组平均法 UPGMA（Unweighted Pair Group Method with Arithmetic Mean）构建聚类树，对样品菌群在属水平上进行样品聚类和物种分类分析，如图 5-7 所示。由图 5-1 可知，在属水平上，加气试验组中灌水器堵塞物的细菌群落以甲基葡萄球菌属、SM1A0 和丝状芽孢杆菌属为主，而对比试验组中，灌水器堵塞物菌群优势属为甲基葡萄球菌属和亚硝酸盐螺旋菌属。所有灌水器堵塞物中的微生物群落共聚为两簇：加气试验组的样品聚为一簇，而对比试验组的样品聚为另一簇，聚类分析差异较大。各分簇内部，不同类型灌水器的样品也聚类为不同分支，但差异较小。对于加气试验组，不同类型灌水器的样品聚类与灌水器类型保持一致，而对比试验组的样品聚类与灌水器堵塞程度保持一致。

灌水器堵塞物样品中的菌群在属水平上的样品聚类与分类组成表明，不同试验组的灌水器堵塞物内微生物群落间的差异显著，同一试验组中，不同类型灌水器堵塞物中的微生物群落组成也存在一定差异，但远没有在两个试验组间的差异显著。这表明微纳米加气显著改变了滴灌系统内微生物群落组成，且对微生物群落的影响要高于灌水器类型的作用，解释了第 4 章中关于微纳米加气减小了不同类型灌水器间抗堵塞性能的差距这一结论。

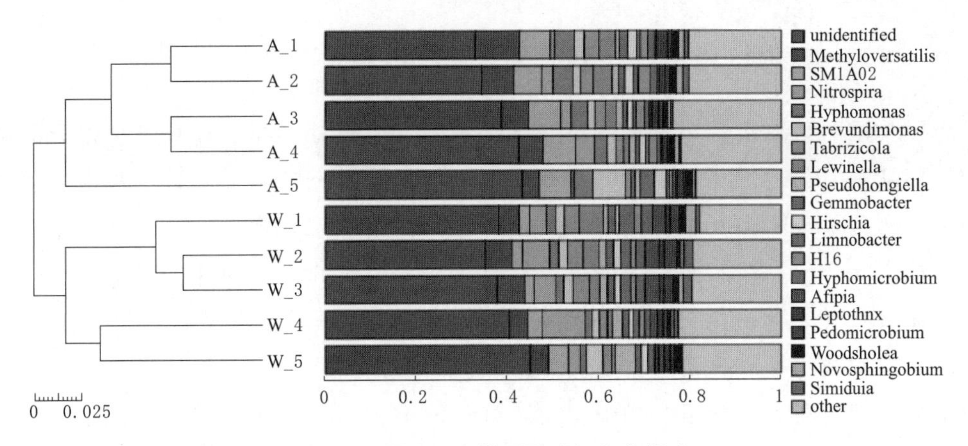

图 5-7 属水平上样品聚类与物种组成

5.2.4 灌水器堵塞物中微生物群落的多样性分析

为了深入比较不同堵塞物样品之间的微生物群落的相似性，分别采用基于 OTU 的主成分分析（PCoA）和 NMDS 分析方法对堵塞物样品进行从 beta 多样性分析，并研究了菌群的相对丰度，如图 5-8、图 5-9 所示。由图 5-8、图 5-9 可知，对比试验组各样品在图中相对距离的 PC1 值和 NMDS 值均明显高于加气试验组，表明两个试验组堵塞物样品中的微生物群落差异较大，他们具有不同的多样性。在对比试验组中，各样品间相对距离分布不均匀，其中样品 W_4 和 W_5 与其他样品的相对距离较远。总的来说，加气试验组的各样品在图中分布较为均匀，表明微纳米加气对灌水器堵塞物中的微生物群落多样性有较大的影响。上述对不同试验组的堵塞物样品进行微生物群落 PCoA 分析和 NMDS 分析结果也进一步验证了加气对微生物群落的影响作用要高于灌水器类型。

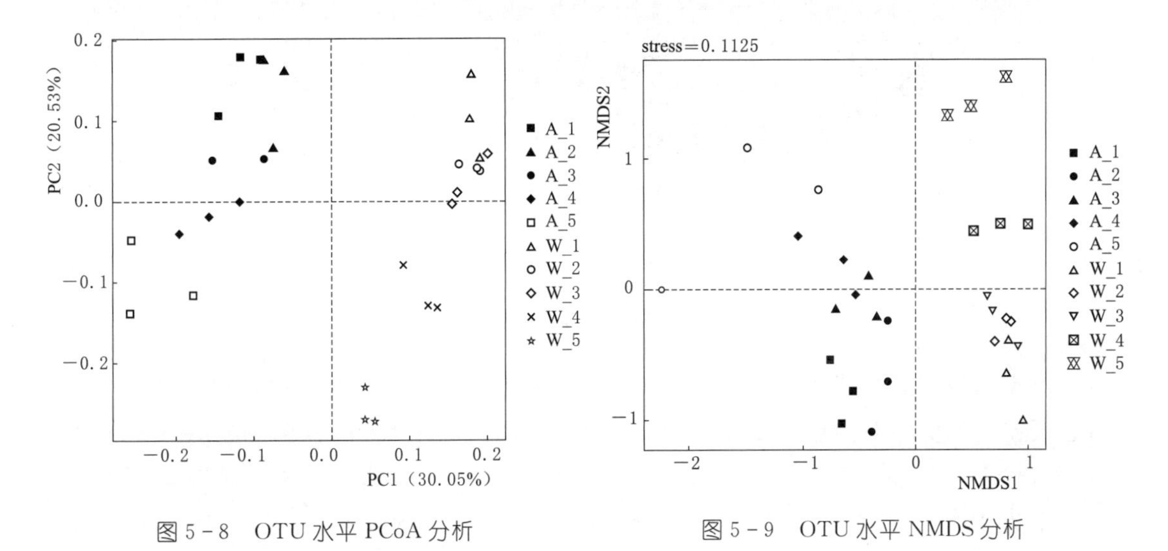

图 5-8 OTU 水平 PCoA 分析

图 5-9 OTU 水平 NMDS 分析

5.2.5 灌水器堵塞物中微生物群落的差异性分析

为了获得两组灌水器堵塞物样品间微生物群落在相对丰度上具有显著差异的微生物物种，基于 LDA Effect Size（LEfSe）分析方法，筛选与各灌水器堵塞物显著性对应的微生物群落或物种（$P<0.05$），如图5-10、图5-11所示。图5-10、图5-11中共筛选出6个门，7个纲，15个目，14个科，9个属的差异物种。其中，加气试验组具有显著差异的菌群为变形菌门、拟杆菌门和浮霉菌门。对比试验组则是酸杆菌门、硝化螺旋菌门和放线菌门。不同试验组堵塞物样品的菌群间差异显著，能较好地反映微纳米加气对灌水器堵塞物中微生物群落的影响。在微纳米加气的作用下，酸杆菌门、硝化螺旋菌门、放线菌门的群落减少，拟杆菌门、浮霉菌门丰度增加。

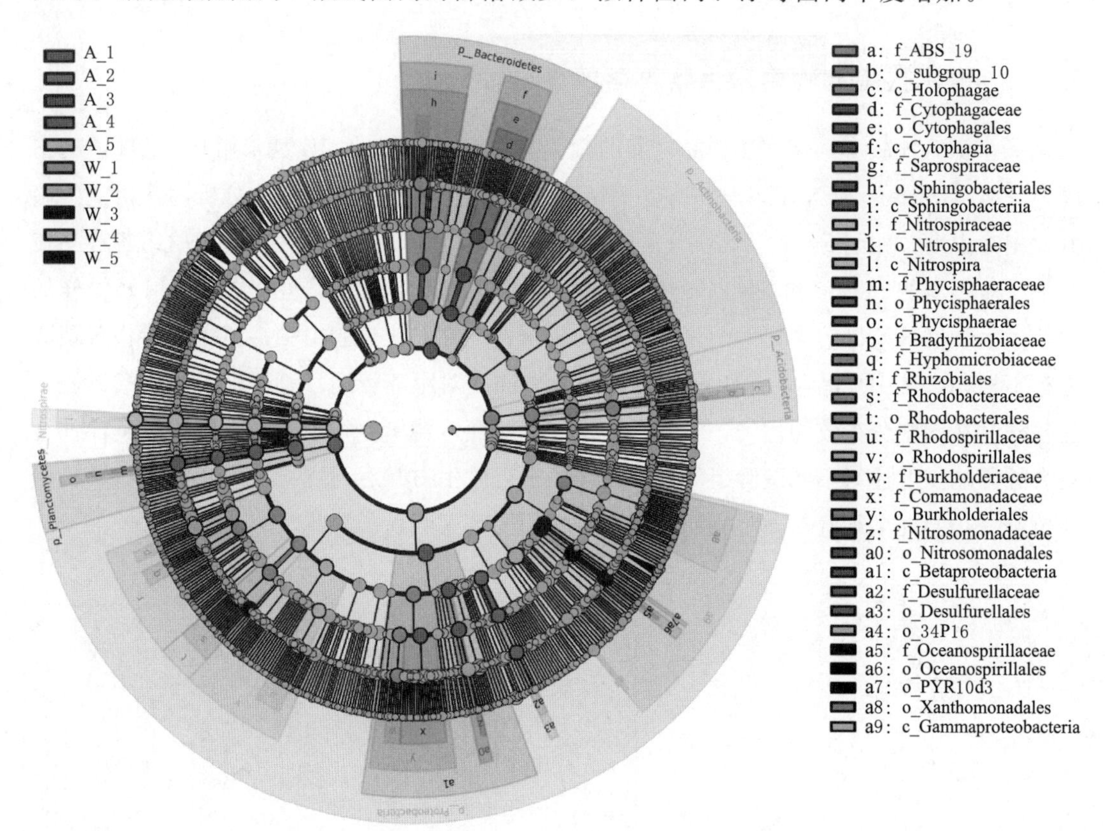

图5-10 堵塞物样品 LEfSe 分析进化分支图

对不同类型灌水器样品的堵塞物进行分析发现，在加气试验组中，样品 A_1 中具有显著差异的优势菌群包含1个门（拟杆菌门），2个纲（鞘脂杆菌纲、β-变形杆菌纲），1个目（鞘脂杆菌目），1个科（丛毛单胞菌科），1个属（生丝单胞菌属）；样品 A_2 中为1个门（浮霉菌门），1个纲（Phycisphaerae 纲），2个目（Phycisphaerae 目、硫还原菌目），2个科（Phycisphaerae 科、硫还原菌科），2个属（H16、

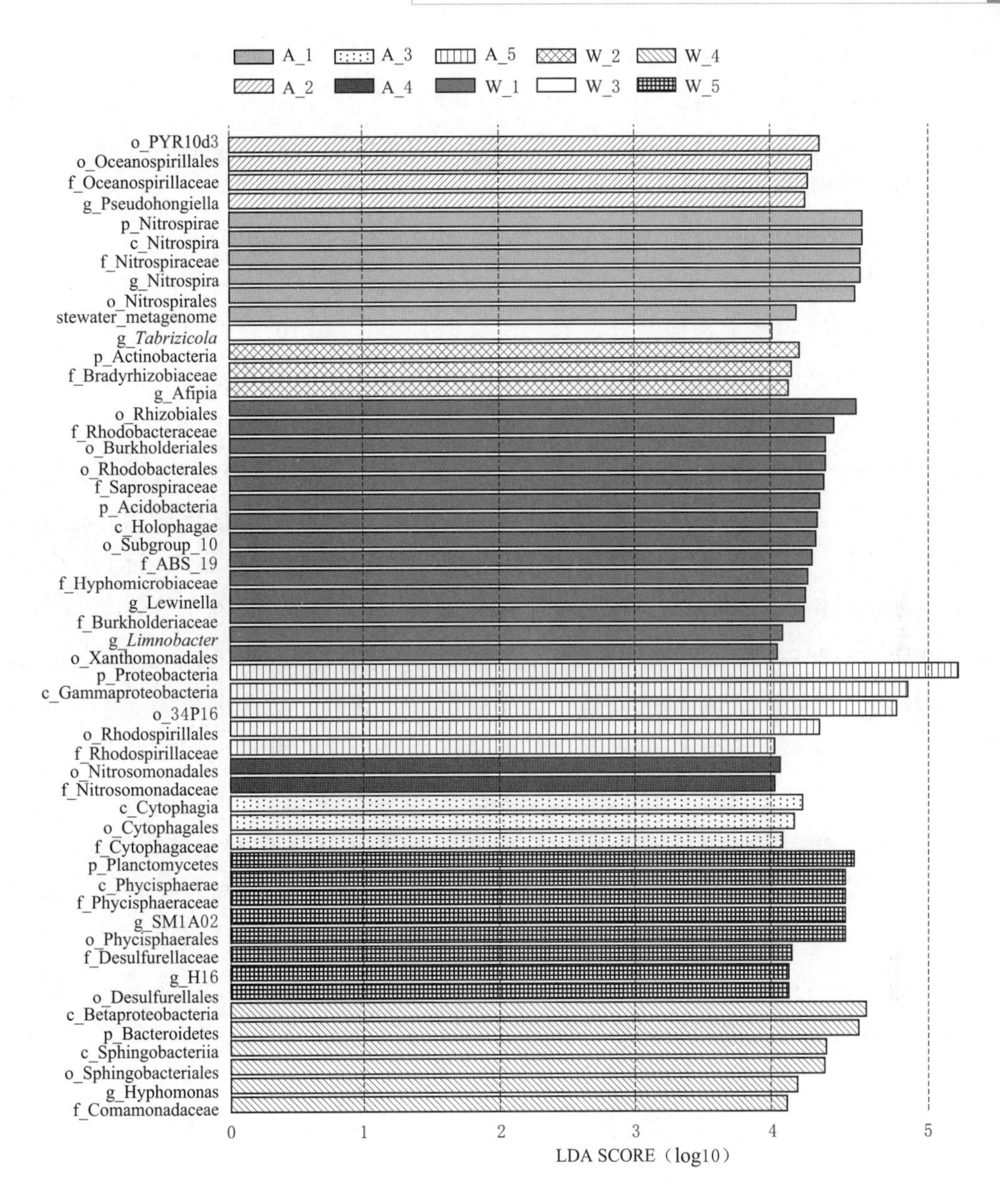

图 5-11 堵塞物样品 LDA 分布柱状图

SM1A02)；样品 A_3 中则包含 1 个纲（噬纤维菌纲），1 个科（噬纤维菌科），1 个属（噬纤维菌属）；样品 A_4、A_5 中分别包含 1 个目（亚硝化单胞菌目），1 个科（亚硝化单胞菌科）和 1 个门（变形菌门 Proteobacteria），1 个纲（γ-变形菌纲），2 个目（红螺菌目、34P16），1 个科（红螺菌科）；同样地，对比试验组中，样品 W_1 中具有显著差异的优势物种最多，分别为 1 个门（酸杆菌门），1 个纲（全噬菌纲），5 个目（根瘤菌目、伯克霍尔德氏菌目、红杆菌目、黄单胞菌目、Subgao_10 目），5 个科（伯克霍尔德氏菌科、红杆菌科、生丝微菌科、Saprospriaceae、ABS_19），2 个属（赖文氏菌属、*Limnobacter*）；样品 W_3 中具有显著差异的优势物种最少，仅有 1

个属（*Tabrizicola*）；样品 W_2 中显著差异的优势物种为 1 个门（放线菌门），1 个科（慢生根瘤菌科），1 个属（阿菲波菌属）；样品 W_4 中则为 1 个门（硝化螺旋菌门）及其包含的硝化螺旋菌纲、硝化螺旋菌目、硝化螺旋菌科、硝化螺旋菌属；样品 W_4 的显著物种为海洋螺菌目和海洋螺菌科。

综上所述，在加气试验组的灌水器堵塞物中，变形菌门是具有显著差异的菌群，同时它也是所有细菌中在门水平上最大的种群。Zhou 等（2017）在灌水器堵塞物中检测出一种革兰氏阴性菌，但是并没有明确细菌种类，我们的试验结果验证了这一结论，同时由于所有变形菌门的细菌都是革兰氏阴性菌，所以这种革兰氏阴性菌很有可能属于变形杆菌门。有文献表明，拟杆菌包含大部分与颗粒相关的细菌，并且在复杂生物聚合物的降解中起着重要的作用。加气试验组灌水器堵塞物中拟杆菌门的相对丰度均高于对比试验组，只有灌水器 E5 的堵塞物样品中略低于对比试验组，这也解释了第 4 章中获得的试验结果，正是因为拟杆菌的存在，净化了灌溉水中的悬浮颗粒，降解了生物膜结构，从而延缓了灌水器堵塞的发展过程。同时，在加气试验组中，具有显著差异的菌群如 Beta - proteobacteria（β 变形杆菌）、Phycisphaerae，Phycisphaerae、硫还原菌目，Phycisphaerae 科、硫还原菌科，亚硝化单胞菌目，亚硝化单胞菌科等均属于硝化细菌，硝化细菌不仅在氮素循环中产生硝化和反硝化的重要作用，还扮演着水质净化的重要角色。而在对比试验组中，仅在样品 W_4 中检测出硝化螺旋菌等具有显著性差异的硝化细菌菌群，这表明微纳米加气更有利于硝化细菌的生长，当硝化细菌随着滴灌系统进入土壤后，能够一定程度上优化改良碱性土壤，从而提高土壤肥力，这也是加气滴灌提高作物产量的原因之一。因此，采用微纳米加气等手段可以有效控制灌水器内有害微生物群落含量，缓解灌水器堵塞，延长滴灌系统的使用寿命，有望形成集控堵增产为一体的绿色生产技术。

5.3 本章小结

本章对滴灌灌水器堵塞物使用扫描电子显微镜及能谱分析仪进行物理形态观察与化学组分分析，并采用 16S rRNA 高通量测序技术，对堵塞物中微生物群落结构进行研究，主要获得如下结论：

（1）微纳米加气显著减少了灌水器过滤栅格和流道内堵塞物，这些堵塞物为呈簇状、紧密排列、大小不一、表面光滑的不规则柱状晶体，主要成分均为碳酸钙（$CaCO_3$）、二氧化硅（SiO_2）和极少量其他化学沉淀的混合物。由此可见，微纳米加气可以有效缓解灌水器堵塞问题，但是对滴灌灌水器堵塞物质成分并没有本质影响。

（2）微纳米加气减小了灌水器堵塞物中微生物群落的多样性和丰富度，与对比试验组相比，加气试验组的灌水器堵塞物中 OTUs 和 Chao1、Ace、Shannon 指数均发生不同程度的减少。

（3）微纳米加气导致灌水器内部微生态环境中微生物群落结构失衡，有益细菌含量增加，有害细菌或影响灌水器堵塞的核心菌群含量减少。因此，滴灌系统内部环境中微生物群落活动对灌水器发生堵塞的时间至关重要，在实际生产中，可通过合理采用微纳米加气等手段控制灌水器内有害微生物群落含量，缓解灌水器堵塞，延长滴灌系统的使用寿命。

第6章 总结与展望

6.1 总结

加气滴灌是滴灌技术的一种新型应用方式，为实现水肥气的高效同步施用、提升滴灌工程经济效益提供了新思路和新方法，具备显著的技术优势和良好的应用前景。本研究针对加气滴灌技术，采用数值模拟和试验研究相结合的方法，重点研究了加气滴灌系统内部流动特征、管网水肥气的空间分布与灌水器堵塞规律。主要研究工作和结论如下：

（1）不同加气装置的产气特征与滴灌带内水气运动。采用数值模拟和高速摄影方法分别研究了文丘里喷射器和微纳米气泡发生器的内部流动特性和产气特征，并基于两种加气方式，采用高速摄影方法研究了水气沿滴灌带的运动和分布规律。结果表明，文丘里喷射器产生的气泡尺寸较大，分布不均；微纳米气泡发生器产生的气泡尺寸较小，分布均匀，有利于在滴灌带内传输；文丘里喷射器的产气特征与进出口压差有关，小压差工况时其流态较为稳定，气泡在出口段分布较为均匀，运行工况理想；微纳米气泡发生器的产气特征与进气量有关，进气量过大时，微纳米气泡数量减少，大尺寸气泡数量增加；不同加气装置下滴灌带内水气运动和分布不同，采用文丘里喷射器加气方式，当滴头出口朝上时，气泡会从灌水器逸出，当滴头出口朝下时，气泡会发生融合现象，形成大气塞和分层流，增加了水锤发生的风险，不利于水气的远距离传输；而采用微纳米气泡发生器产生的微纳米气泡在滴灌带内运动稳定，传输距离更远。

（2）加气滴灌管网水肥气空间分布和均匀性。开展加气滴灌性能试验，研究了文丘里和微纳米两种加气方式下滴灌管网水肥气的空间分布特征，对比分析、评价了系统工作压力、滴头出口朝向和施肥罐进出口压差等关键技术参数对水肥气空间分布均匀性的影响。结果表明，加气对灌水器流量影响并不显著，但加气时滴头出口朝向对灌水器流量有重要影响：当滴头出口朝上时，两种加气方式下，灌水器流量沿滴灌带方向下降速度均不明显，当滴头出口朝下时，微纳米加气方式下滴灌带沿程灌水器流量下降速度要明显小于文丘里加气；加气对管网施肥总量和溶解氧含量的分布影响显著，与对比试验相比，两种加气方式均明显增加了滴灌带沿程施肥总量的波动；不同加气方式对施肥总量的影响也不同：微纳米加气对施肥总量分布影响不显著，但文丘里加气对施肥总量影响显著；在不同加气方式下，滴灌带沿程溶解氧含量的空间分布特征相似，但微纳米加气方式溶解氧含量更高；不同加气方式下滴灌系统水肥气的均匀性不同，微纳米加气方式下均匀性更好，质量更优，其中工作压力为0.1MPa、滴头朝下设置的微纳米加气方式水肥气的均匀性评价均为优。

（3）加气滴灌灌水器堵塞规律。以5种不同类型灌水器为研究对象，开展微纳米加气滴灌灌水器堵塞试验，采用灌水器平均流量比（*Dra*）为监测指标，观察灌水器堵塞的动态发展过程，采用克里斯琴森均匀系数（*Cu*）和统计均匀系数（*Us*）为评价指标，研究灌水器堵塞对灌水均匀性的影响。结果表明，微纳米加气滴灌系统中，灌水器堵塞发展过程与对比试验一致，均在灌水初期发展缓慢，一旦灌水器发生轻微堵塞，堵塞程度会迅速加重，直至完全堵塞；不同类型灌水器堵塞规律不同，主要表现为相同额定流量的灌水器，无压力补偿功能抗堵塞性能更优，而相同类型灌水器，额定流量大的灌水器抗堵塞性能更优，5种被测灌水器中，圆柱型灌水器抗堵塞性能最差；对*Dra*及其影响因素开展多元回归分析表明，加气处理对灌水器堵塞的作用为极显著水平，在实际应用过程中，当滴灌系统灌水器选型确定后，加气处理将会是影响灌水器堵塞的重要因素；对比分析灌水器堵塞发生的时间，发现微纳米加气方式显著抑制了灌水器堵塞的发展进程，延长了灌水器的使用寿命，减小了不同类型灌水器使用寿命间的差距；灌水器堵塞对系统灌水均匀性影响的研究表明，微纳米加气有利于使滴灌系统保持良好的均匀性，减小滴灌系统*Cu*和*Us*对*Dra*变化的敏感程度，即微纳米加气使堵塞灌水器在管网中的分布更为均匀，即使单个灌水器已经达到了堵塞标准，但是微纳米加气维持了整个滴灌系统的灌水均匀性，因此滴灌系统仍然可以继续使用。

（4）加气滴灌灌水器堵塞机理。开展微纳米加气滴灌灌水器堵塞机理研究，采用环境扫描电子显微镜及能谱分析仪对灌水器堵塞物进行物理形态观测和化学组分分析，通过16S rRNA高通量测序技术，对比分析了灌水器堵塞物中微生物群落结构，利用统计学方法获得影响灌水器堵塞的核心菌群。结果表明，不同试验组中灌水器过滤栅格和流道内的堵塞物均为黄白色固体，这些堵塞物均为呈簇状、紧密排列、大小不一、表面光滑的不规则柱状晶体，虽然加气试验堵塞物的附着量明显少于对比试验，但堵塞物的主要成分仍然为碳酸钙（$CaCO_3$）、二氧化硅（SiO_2）与其他极少量化学沉淀的混合物，因此微纳米加气有效减少了灌水器中堵塞物的附着程度，但是并没有影响或改变灌水器堵塞物的物质结构与化学组分；灌水器堵塞程度与堵塞物中微生物群落多样性和优势度成正比，加气试验组灌水器堵塞物中OTUs和Chao1、Ace、

Shannon 指数均比对比试验发生不同程度的减少，表明微纳米加气滴灌减小了灌水器堵塞物中微生物群落的多样性和丰富度；对堵塞物的微生物群落分类发现，微纳米加气造成了滴灌系统内部微环境下微生物群落结构的失衡，导致有益细菌含量升高，影响灌水器堵塞的核心有害细菌含量降低，因此微纳米加气缓解了滴灌灌水器的堵塞进程。研究结果揭示了灌水器堵塞机理，可为生产应用中采用加气手段控制滴灌灌水器堵塞提供理论依据。

6.2 创新点

本研究创新点总结如下：

（1）目前国内外学者对加气滴灌技术的研究主要集中在加气对滴灌系统水力性能、土壤环境和作物生长的影响等方面，本研究从文丘里喷射器和微纳米气泡发生器两种常用加气装置的产气特征出发，开展了滴灌带内水气运动规律研究，为研究加气滴灌系统性能提供了新思路和新方法，也为掌握加气滴灌水气输送机理、促进水气的安全高效输送提供了理论支撑。

（2）在对加气滴灌管网水、气空间分布研究的基础上，创新考虑了不同加气方式下，滴灌系统关键技术参数对施肥总量空间分布的影响，并根据水肥气均匀性评价，初步筛选出加气滴灌适宜的技术参数组合方案，为加气滴灌系统的高效科学管理提供技术支持。

（3）创新研究了微纳米加气条件下滴灌灌水器的堵塞规律，并结合灌水器堵塞物的物理形态、化学组分及微生物群落结构，揭示了灌水器堵塞机理，为建立集成节水、增产、提质、控堵的加气滴灌系统提供了理论依据。

6.3 展望

加气滴灌技术是以农业优质、高产为目标，实现作物根区土壤环境及微生态综合调控的新型高效节水灌溉技术，是现代农业可持续发展的研究热点之一。本书对加气滴灌系统内部流动特征、管网水肥气空间分布以及灌水器堵塞规律等相关内容进行了研究，在研究过程中，受多方面因素的影响，研究工作还有待进一步深入和完善，主要包括以下方面：

（1）研究加气滴灌水气传输机理，有助于了解水、气两相间的相互作用和传输过程，有利于准确调整相关技术参数，建立加气滴灌高效运行调控模式，优化滴灌系统的水力性能，保证加气滴灌效果。本书针对加气滴灌系统内部流动特征，采用数值模拟和高速摄影试验方法开展了相关研究，下一步拟针对微纳米气泡特殊的形态和理化性质，从气液两相流体力学角度，捕捉滴灌带内微纳米气泡运动形态的发展过程和运移规律，探讨加气滴灌水、气流动特性和传输机制，获得滴灌带沿程水气分布规律、两相流流型的演化过程，研究不同技术参数（初始含气率、滴头朝向、灌水器额定流量等）对两相流场结构演变特征的影响。同时，采用理论分析和试验相结合的方法，从气液两相流流型识别的角度，综合利用小波分析、概率密度函数以及人工神经网络技术提取和分析滴灌带沿程压力波动时域信号特征，构建基于压力波动信号的滴灌带内气液两相流型识别方法，进一步研究压力波动信息与滴灌带内两相流型演变规律的关系。建立相关技术参数与滴灌带内部气液两相流流动特征和传输机制的映射关系，掌握加气滴灌水气输送机理。

（2）本书以地下水为水源，研究了加气滴灌灌水器的堵塞规律，并从微生物群落多样性的角度分析了灌水器的堵塞机理，下一步拟针对不同水源，如再生水、微咸水、养殖废水等，研究加气对滴灌灌水器堵塞规律的影响。同时，拟开展田间试验，研究田间加气滴灌灌水器堵塞的动态变化规律，以及加气对土壤生态、作物生长等的影响，进一步发展和丰富加气滴灌的功能性优势，促进节水灌溉技术的可持续发展。

（3）基于加气滴灌系统性能评价指标对水气协同作用的响应机制，探讨适宜的技术参数优化方案和调控模式，为加气滴灌提供水气的安全高效输送，并建立优质增产、控堵高效的加气滴灌技术，进一步解决作物根区缺氧这一难题，创新充实加气滴灌高效科学管理有关理论体系。

参 考 文 献

［1］ 罗凯．农业是构建“和谐社会”的基础［J］．改革与开放，2011（1）：33-34.

［2］ 王东阳，蒋建平．再论农业是国民经济的基础产业——对中国农业现代化建设理论的思考［J］．农业现代化研究，1994（2）：65-68.

［3］ 王东阳，蒋建平．论农业是国民经济的基础产业——对中国农业现代化建设理论的思考［J］．农业现代化研究，1993（1）：6-10.

［4］ 陈其人．马克思关于农业是国民经济基础的理论及其形成［J］．复旦学报（社会科学版），1993（5）：14-19.

［5］ 梁青青．“十三五”时期我国发展节水农业的总体思路与配套措施探究［J］．改革与战略，2017，33（11）：129-131.

［6］ 李英能．我国节水农业发展模式研究［J］．节水灌溉，1998（2）：3-5.

［7］ 康绍忠，李永杰．21世纪我国节水农业发展趋势及其对策［J］．农业工程学报，1997（4）：6-12.

［8］ 董峻，侯雪静．抓好“三农”领域重点工作确保如期实现全面小康——中央农办主任、农业农村部部长韩长赋解读2020年中央一号文件［J］．农村·农业·农民（A版），2020（3）：10-12.

［9］ 中华人民共和国水利部．2012年中国水资源公报［R］．2014（2）：49-53.

［10］ 康绍忠．贯彻落实国家节水行动方案　推动农业适水发展与绿色高效节水［J］．中国水利，2019（13）：1-6.

［11］ 康绍忠，马孝义，韩克敏，等．21世纪的农业水土工程［J］．干旱地区农业研究，1999（1）：3-5.

［12］ Mueller N D，Gerber J S，Johnston M，et al. Correction：Corrigendum：Closing yield gaps through nutrient and water management［J］．Nature，2013，494（7437）：390.

［13］ Elliott J，Deryng D，Muller C，et al. Constraints and potentials of future irrigation water availability on agricultural production under climate change［J］．Proceedings of the National Academy of Sciences of the United States of America，2014，111（9）：3239-3244.

［14］ 陆红娜，康绍忠，杜太生，等．农业绿色高效节水研究现状与未来发展趋势［J］．农学学报，2018，8（1）：155-162.

［15］ 康绍忠．农业水土工程学科路在何方［J］．灌溉排水学报，2020，39（1）：1-8.

［16］ Zhu Y，Cai H，Song L，et al. Aerated irrigation promotes soil respiration and microorganism abundance around tomato rhizosphere［J］．Soil Science Society of America Journal，2019，83（5）：1343-1355.

［17］ Zhu Y，Dyck M，Cai H，et al. The effects of aerated irrigation on soil respiration，oxygen，and porosity［J］．Journal of Integrative Agriculture，2019，18（12）：2854-2868.

［18］ Dhungel J，Bhattarai S P，Midmore D J. Aerated water irrigation（oxygation）benefits to pineapple yield，water use efficiency and crop health［J］．Advances in Horticultural Science，2012，1（26）：3-16.

［19］ Ben-Noah I，Friedman S P. Aeration of clayey soils by injecting air through subsurface drippers：

Lysimetric and field experiments [J]. Agricultural Water Management, 2016, 176: 222-233.

[20] Pendergast L, Bhattarai S P, Midmore D J. Evaluation of aerated subsurface drip irrigation on yield, dry weight partitioning and water use efficiency of a broad-acre chickpea (Cicer arietinum, L.) in a vertosol [J]. Agricultural Water Management, 2019, 217: 38-46.

[21] Du Y, Niu W, Gu X, et al. Crop yield and water use efficiency under aerated irrigation: A meta-analysis [J]. Agricultural Water Management, 2018, 210: 158-164.

[22] Chen H, Hou H, Wang X, et al. The effects of aeration and irrigation regimes on soil CO_2 and N_2O emissions in a greenhouse tomato production system [J]. Journal of Integrative Agriculture, 2018, 17 (2): 449-460.

[23] Wu Y, Lyu T, Yue B, et al. Enhancement of tomato plant growth and productivity in organic farming by agri-nanotechnology using nanobubble oxygation [J]. Journal of Agricultural and Food Chemistry, 2019, 67 (39): 10823-10831.

[24] Liu Y, Zhou Y, Wang T, et al. Micro-nano bubble water oxygation: Synergistically improving irrigation water use efficiency, crop yield and quality [J]. Journal of Cleaner Production, 2019, 222: 835-843.

[25] Pendergast L, Bhattarai S P, Midmore D J. Benefits of oxygation of subsurface drip-irrigation water for cotton in a Vertosol [J]. Crop and Pasture Science, 2013, 64 (12): 1171.

[26] 曹雪松，郑和祥，王军，等. 微纳米气泡水地下滴灌对紫花苜蓿根际土壤养分和产量的影响 [J]. 灌溉排水学报，2020，39 (7)：24-30.

[27] 崔冰晶，牛文全，杜娅丹，等. 施氮和加气灌溉对黄瓜根区土壤环境及产量的影响 [J]. 节水灌溉，2020 (4)：27-32.

[28] 徐达勋. 不同增氧滴灌方法对温室樱桃番茄产量、品质及光合作用的影响 [J]. 江苏农业学报，2020，36 (1)：152-157.

[29] 曹雪松，郑和祥，王军，等. 微纳米气泡水地下滴灌对紫花苜蓿根际土壤养分和产量的影响 [J]. 灌溉排水学报，2020，39 (7)：24-30.

[30] Torabi M, Midmore D J, Walsh K B, et al. Analysis of factors affecting the availability of air bubbles to subsurface drip irrigation emitters during oxygation [J]. Irrigation Science, 2013, 31 (4): 621-630.

[31] Li Y, Niu W, Wang J, et al. Effects of artificial soil aeration volume and frequency on soil enzyme activity and microbial abundance when cultivating greenhouse tomato [J]. Soil Science Society of America Journal, 2016, 80 (5): 1208-1221.

[32] Bhattarai S P, Balsys R J, Wassink D, et al. The total air budget in oxygenated water flowing in a drip tape irrigation pipe [J]. International Journal of Multiphase Flow, 2013, 52: 121-130.

[33] Goorahoo D C G Z. Using air in sub-surface drip irrigation (SDI) to increase yields in bell peppers [J]. International Water and Irrigation, 2002, 22 (2): 39-42.

[34] Abu-Hamdeh N H. Effect of compaction and deep tillage on soil hydraulic and aeration properties and wheat yield [J]. Communications in Soil Science & Plant Analysis, 2003, 34 (15): 2277-2290.

[35] MacDonald J D, Costello L R, Lichter J M, et al. Fill soil effects on soil aeration and tree growth [J]. Journal of Arboriculture, 2004, 1 (30): 19-26.

[36] Ben-Gal A, Lazorovitch N, Shani U. Subsurface drip irrigation in gravel-filled cavities [J]. Vadose Zone Journal, 2004, 4 (3): 1407-1413.

[37] Stepanova A Y, Polyakova L I, Dolgikh Y I, et al. The response of sugarcane (Saccharum officinarum) cultured cells to anoxia and the selection of a tolerant cell line [J]. Russian Journal of Plant

Physiology，2002，49（3）：406－412.

［38］ Urrestarazu M，Mazuela P C. Effect of slow－release oxygen supply by fertigation on horticultural crops under soilless culture［J］. Scientia Horticulturae，2005，106（4）：484－490.

［39］ Bryce J H，Focht D D，Stolzy L H. Soil aeration and plant growth response to urea peroxide fertilization［J］. Soil Science，1982，134（2）：111－116.

［40］ Herr E M，EM H. Response of chrysanthemum to urea peroxide［J］. Hortscience，1980，4（15）：501－502.

［41］ Melsted S W，Kurtz T，Bray R. Hydrogen peroxide as an oxygen fertilizer［J］. Agronomy Journa，1949，2（41）：97.

［42］ Busscher W J. Improved growing conditions through soil aeration［J］. Communications in Soil Science and Plant Analysis，1982，13（5）：401－409.

［43］ 谢恒星，蔡焕杰，张振华. 温室甜瓜加氧灌溉综合效益评价［J］. 农业机械学报，2010，41（11）：79－83.

［44］ 张璇，牛文全，甲宗霞. 灌溉后通气对盆栽番茄土壤酶活性的影响［J］. 自然资源学报，2012，27（8）：1296－1303.

［45］ Bhattarai S P，Pendergast L，Midmore D J. Root aeration improves yield and water use efficiency of tomato in heavy clay and saline soils［J］. Scientia Horticulturae，2006，108（3）：278－288.

［46］ Bhattarai S P，Midmore D J. Influence of soil moisture on yield and quality of tomato on a heavy clay soil［J］. Acta Horticulturae，2005，694（694）：451－454.

［47］ Bhattarai S P，Huber S，Midmore D J. Aerated subsurface irrigation water gives growth and yield benefits to zucchini，vegetable soybean and cotton in heavy clay soils［J］. Annals of Applied Biology，2004，144（3）：285－298.

［48］ Lyu T，Wu S，Mortimer R J G，et al. Nanobubble technology in environmental engineering：revolutionization potential and challenges［J］. Environmental Science & Technology，2019，53（13）：7175－7176.

［49］ Atkinson A J，Apul O G，Schneider O，et al. Nanobubble technologies offer opportunities to improve water treatment［J］. Accounts of Chemical Research，2019，52（13）：1196－1205.

［50］ 欧阳赞，田军仓，邓慧玲，等. 不同加气方式对微咸水和中水溶解氧的影响［J］. 排灌机械工程学报，2019，37（9）：806－814.

［51］ Zhou Y，Zhou B，Xu F，et al. Appropriate dissolved oxygen concentration and application stage of micro－nano bubble water oxygation in greenhouse crop plantation［J］. Agricultural Water Management，2019，223：105713.

［52］ Ahmed A K A，Shi X，Hua L，et al. Influences of air，oxygen，nitrogen，and carbon dioxide nanobubbles on seed germination and plant growth［J］. Journal of Agricultural and Food Chemistry，2017，66（20）：5117－5124.

［53］ Friedman S P，Naftaliev B. A survey of the aeration status of drip－irrigated orchards［J］. Agricultural Water Management，2012，115：132－147.

［54］ Drew M C，Lynch J M. Soilanaerobiosis，microorganisms，and root function［J］. Annual Review of Phytopathology，1980，18：37－66.

［55］ Ityel E，Ben－Gal A，Silberbush M，et al. Increased root zone oxygen by a capillary barrier is beneficial to bell pepper irrigated with brackish water in an arid region［J］. Agricultural Water Management，2014，131：108－114.

［56］ Asplund P T，Curtis W R. Intrinsic oxygen use kinetics of transformed plant root culture［J］. Biotechnology Progress，2001，17（3）：481－489.

[57] Assouline S, Narkis K. Effect of long - term irrigation with treated wastewater on the root zone environment [J]. Vadose Zone Journal, 2013, 2 (12): 1 - 10.

[58] 陈强，孙涛，宋春雨. 免耕对土壤物理性状及作物产量影响 [J]. 草业科学，2014，31 (4): 650 - 658.

[59] Faouzi H, Philippe G, Pierre B, et al. Prolonged root hypoxia induces ammonium accumulation and decreases the nutritional quality of tomato fruits [J]. Journal of Plant Physiology, 2008, 165 (13): 1352 - 1359.

[60] Fukao T, Bailey - Serres J. Plant responses to hypoxia - is survival a balancing act [J]. Trends in Plant Science, 2004, 9 (9): 449 - 456.

[61] Aguilar E A, Turner D W, Gibbs D J, et al. Oxygen distribution and movement, respiration and nutrient loading in banana roots (Musa spp. L.) subjected to aerated and oxygen - depleted environments [J]. Plant and Soil, 2003, 253 (1): 91 - 102.

[62] Bingru H, Johnson J W, Scott N S D, et al. Root and shoot growth of wheat genotypes in response to hypoxia and subsequent resumption of aeration [J]. Crop Science, 1994, 34 (6): 1538 - 1544.

[63] Armstrong W D. Aeration in higher plants [J]. Advances in Botanical Research, 1979, 7: 225 - 332.

[64] Grable A R. Soil Aeration and plant growth [J]. Advances in Agronomy, 1966, 18: 57 - 106.

[65] 王森，唐蛟，王晓森，等. 加气灌溉对土壤、作物生长和水肥利用的影响综述 [J]. 江苏农业科学，2019，47 (7): 24 - 27.

[66] 白佳艺，温祥珍，李亚灵，等. 根区不同位置补气对番茄根际环境及其生长的影响 [J]. 山西农业大学学报（自然科学版），2019，39 (2): 46 - 54.

[67] Chen H, Shang Z, Cai H, et al. Irrigation combined with aeration promoted soil respiration through increasing soil microbes, enzymes, and crop growth in tomato fields [J]. Catalysts, 2019, 9 (11): 945.

[68] 朱艳，蔡焕杰，宋利兵，等. 加气灌溉下气候因子和土壤参数对土壤呼吸的影响 [J]. 农业机械学报，2016，47 (12): 223 - 232.

[69] 朱艳，蔡焕杰，宋利兵，等. 加气灌溉改善温室番茄根区土壤通气性 [J]. 农业工程学报，2017，33 (21): 163 - 172.

[70] 朱艳，蔡焕杰，侯会静，等. 加气灌溉对番茄根区土壤环境和产量的影响 [J]. 西北农林科技大学学报（自然科学版），2016，44 (5): 157 - 162.

[71] 徐春梅，王丹英，陈松，等. 增氧对水稻根系生长与氮代谢的影响 [J]. 中国水稻科学，2012，26 (3): 320 - 324.

[72] 赵锋，张卫建，章秀福，等. 连续增氧对不同基因型水稻分蘖期生长和氮代谢酶活性的影响 [J]. 作物学报，2012，38 (2): 344 - 351.

[73] Sang H, Jiao X, Wang S, et al. Effects of micro - nano bubble aerated irrigation and nitrogen fertilizer level on tillering, nitrogen uptake and utilization of early rice [J]. Plant, Soil and Environment, 2018, 64 (7): 297 - 302.

[74] Jacobsen C S, Hjelms M H. Agricultural soils, pesticides and microbial diversity [J]. Current Opinion in Biotechnology, 2014, 27: 15 - 20.

[75] 焦永吉，程功，马永健，等. 烟草连作对土壤微生物多样性及酶活性的影响 [J]. 土壤与作物，2014 (2): 56 - 62.

[76] Rutigliano F A, Castaldi S, D Ascoli R, et al. Soil activities related to nitrogen cycle under three plant cover types in Mediterranean environment [J]. Applied Soil Ecology, 2009, 43 (1): 40 - 46.

[77] Bakker P A H M, Pieterse C M J, deJonge R, et al. The soil - borne legacy [J]. Cell, 2018,

172 (6)：1178－1180.

[78] 朱艳，蔡焕杰，陈慧，等. 加气灌溉对土壤中主要微生物数量的影响 [J]. 节水灌溉，2016 (8)：65－69.

[79] 李元，牛文全，张明智，等. 加气灌溉对大棚甜瓜土壤酶活性与微生物数量的影响 [J]. 农业机械学报，2015，46 (8)：121－129.

[80] 陈慧，侯会静，蔡焕杰，等. 加气灌溉对番茄地土壤 CO_2 排放的调控效应 [J]. 中国农业科学，2016，49 (17)：3380－3390.

[81] 赵丰云，杨湘，董明明，等. 加气灌溉改善干旱区葡萄根际土壤化学特性及细菌群落结构 [J]. 农业工程学报，2017，33 (22)：119－126.

[82] 曹雪松，李和平，郑和祥，等. 加气灌溉对根区土壤肥力质量与作物生长的影响 [J]. 干旱地区农业研究，2020，38 (1)：183－189.

[83] 赵丰云，郁松林，孙军利，等. 加气灌溉对温室葡萄生长及不同形态氮素吸收利用影响 [J]. 农业机械学报，2018，49 (1)：228－234.

[84] Du Y, Zhang Q, Cui B, et al. Aerated irrigation improves tomato yield and nitrogen use efficiency while reducing nitrogen application rate [J]. Agricultural Water Management, 2020, 235: 106152.

[85] Cui B, Niu W, Du Y, et al. Response of yield and nitrogen use efficiency to aerated irrigation and N application rate in greenhouse cucumber [J]. Scientia Horticulturae, 2020, 265: 109220.

[86] Heuberger H, Livet J, Schnitzler W. Effect of soil aeration on nitrogen availability and growth of selected vegetables－Preliminary results [J]. Acta Horticulturae, 2001 (563): 147－154.

[87] Brzezinska M, Stepniewski W, Stepniewska Z, et al. Effect of oxygen deficiency on soil dehydrogenase activity in a pot experiment with triticale cv. Jago vegetation [J]. International Agrophysics, 2001, 15 (3): 145－149.

[88] 胡文同，杨志超，郑心洁，等. 加气条件下土壤 CO_2 排放对土壤过氧化氢酶活性及番茄生长的响应 [J]. 节水灌溉，2018 (12)：12－16.

[89] Chen H, Shang Z, Cai H, et al. Response of soil N_2O emissions to soil microbe and enzyme activities with aeration at two irrigation levels in greenhouse tomato (Lycopersicon esculentum Mill.) fields [J]. Atmosphere, 2019, 10 (2): 72.

[90] 陈慧，李亮，蔡焕杰，等. 加气条件下土壤 N_2O 排放对硝化/反硝化细菌数量的响应 [J]. 农业机械学报，2018，49 (4)：303－311.

[91] 陈慧，侯会静，蔡焕杰，等. 加气灌溉温室番茄地土壤 N_2O 排放特征 [J]. 农业工程学报，2016，32 (3)：111－117.

[92] Huijing, Hou, Hui, et al. CO_2 and N_2O emissions from lou soils of greenhouse tomato fields under aerated irrigation [J]. Atmospheric Environment, 2016 (132): 69－76.

[93] 张倩，牛文全，杜娅丹，等. 加气灌溉对不同施氮水平的设施甜瓜土壤 CO_2 和 N_2O 排放的影响 [J]. 应用生态学报，2019，30 (4)：1319－1326.

[94] Oo A Z, Sudo S, Matsuura S, et al. Aerated irrigation and pruning residue biochar on N_2O emission, yield and ion uptake of komatsuna [J]. Horticulturae, 2018, 4 (4): 33.

[95] Zhang Q, Niu W Q, Du Y D, et al. Effects of aerated irrigation on CO_2 and N_2O emission from protected melon soils under different nitrogen application levels [J]. The Journal of Applied Ecology, 2019, 30 (4): 1319－1326.

[96] Chen H, Hou H, Hu H, et al. Aeration of different irrigation levels affects net global warming potential and carbon footprint for greenhouse tomato systems [J]. Scientia Horticulturae, 2018, 242: 10－19.

[97] Smith S, De Smet I. Root system architecture: insights from Arabidopsis and cereal crops [J]. Philosophical Transactions of the Royal Society B, 2012, 367 (1595): 1441-1452.

[98] Nakano Y. Response of tomato root systems to environmental stress under soilless culture [J]. Japan Agricultural Research Quarterly: JARQ, 2007, 41 (1): 7-15.

[99] 肖元松，彭福田，张亚飞，等. 增氧栽培对桃幼树根系构型及氮素代谢的影响 [J]. 中国农业科学，2014，47 (10)：1995-2002.

[100] 赵旭，李天来，孙周平. 番茄基质通气栽培模式的效果 [J]. 应用生态学报，2010，21 (1)：74-78.

[101] 雷宏军，王露阳，潘红卫，等. 紫茄生长及养分利用对增氧地下滴灌的响应研究 [J]. 灌溉排水学报，2019，38 (3)：8-14.

[102] 李胜利，齐子杰，王建辉，等. 根际通气环境对盆栽黄瓜生长的影响 [J]. 河南农业大学学报，2008 (3)：280-282.

[103] 汪东欣，李爱传，李琳. 北方温室大棚黄瓜地下加气滴灌技术研究 [J]. 农机化研究，2020，42 (1)：43-47.

[104] 牛文全，郭超. 根际土壤通透性对玉米水分和养分吸收的影响 [J]. 应用生态学报，2010，21 (11)：2785-2791.

[105] 郭超，牛文全. 根际通气对盆栽玉米生长与根系活力的影响 [J]. 中国生态农业学报，2010，18 (6)：1194-1198.

[106] Bhattarai S P, Midmore D J, Pendergast L. Yield, water-use efficiencies and root distribution of soybean, chickpea and pumpkin under different subsurface drip irrigation depths and oxygation treatments in vertisols [J]. Irrigation Science, 2008, 26 (5): 439.

[107] 朱艳，蔡焕杰，宋利兵，等. 加气灌溉对番茄植株生长、产量和果实品质的影响 [J]. 农业机械学报，2017，48 (8)：199-211.

[108] 朱艳，蔡焕杰，宋利兵，等. 基于温室番茄产量和果实品质对加气灌溉处理的综合评价 [J]. 中国农业科学，2020，53 (11)：2241-2252.

[109] Zhu Y, Cai H, Song L, et al. Aerated irrigation of different irrigation levels and subsurface dripper depths affects fruit yield, quality and water use efficiency of greenhouse tomato [J]. Sustainability, 2020, 12 (7): 2703.

[110] 商子惠，蔡焕杰，陈慧，等. 水肥气耦合对温室番茄地土壤 N_2O 排放及番茄产量的影响 [J]. 环境科学，2020，41 (6)：2924-2935.

[111] 温改娟，蔡焕杰，陈新明，等. 加气灌溉对温室番茄生长、产量及品质的影响 [J]. 干旱地区农业研究，2014，32 (3)：83-87.

[112] 温改娟，蔡焕杰，陈新明，等. 加气灌溉对温室番茄生长和果实品质的影响 [J]. 西北农林科技大学学报（自然科学版），2013，41 (4)：113-118.

[113] 甲宗霞，牛文全，张璇，等. 根际通气对盆栽番茄生长及水分利用率的影响 [J]. 干旱地区农业研究，2011，29 (6)：18-24.

[114] 甲宗霞，牛文全，张璇. 通气灌溉对番茄产量与品质的影响 [J]. 灌溉排水学报，2011，30 (4)：13-17.

[115] 张文正，翟国亮，王晓森，等. 微纳米加气灌溉对温室番茄生长、产量和品质的影响 [J]. 灌溉排水学报，2017，36 (10)：24-27.

[116] 杨文龙，刘福胜，刘恬恬，等. 加气灌溉不同施肥水平对温室番茄影响效应研究 [J]. 节水灌溉，2019 (7)：49-55.

[117] Chen H, Shang Z, Cai H, et al. An optimum irrigation schedule with aeration for greenhouse tomato cultivations based on entropy evaluation method [J]. Sustainability, 2019, 11 (16): 4490.

[118] 刘杰，蔡焕杰，张敏，等. 根区加气对温室小型西瓜形态指标和产量及品质的影响 [J]. 节水灌溉，2010 (11)：24-27.

[119] 张敏，蔡焕杰，刘杰，等. 根系通气对温室甜瓜生长特性的影响 [J]. 灌溉排水学报，2010，29 (5)：19-22.

[120] 谢恒星，吕海波，高志勇，等. 加氧灌溉下温室甜瓜生长、品质和产量特征研究 [J]. 灌溉排水学报，2017，36 (12)：20-24.

[121] 谢恒星，蔡焕杰，张振华. 温室甜瓜加氧灌溉综合效益评价 [J]. 农业机械学报，2010，41 (11)：79-83.

[122] 李元，牛文全，吕望，等. 加气灌溉改善大棚番茄光合特性及干物质积累 [J]. 农业工程学报，2016，32 (18)：125-132.

[123] 李元，牛文全，许健，等. 加气滴灌提高大棚甜瓜品质及灌溉水分利用效率 [J]. 农业工程学报，2016，32 (1)：147-154.

[124] Ouyang Z，Tian J，Yan X，et al. Effects of different concentrations of dissolved oxygen or temperatures on the growth，photosynthesis，yield and quality of lettuce [J]. Agricultural Water Management，2020，228：105896.

[125] Su N，Midmore D J. Two-phase flow of water and air during aerated subsurface drip irrigation [J]. Journal of Hydrology，2005，313 (3)：158-165.

[126] Panicker N，Passalacqua A，Fox R O. On the hyperbolicity of the two-fluid model for gas-liquid bubbly flows [J]. Applied Mathematical Modelling，2018，57：432-447.

[127] Bhattarai S P，Balsys R J，Eichler P，et al. Dynamic changes in bubble profile due to surfactant and tape orientation of emitters in drip tape during aerated water irrigation [J]. International Journal of Multiphase Flow，2015，75：137-143.

[128] Bhattarai S P，Balsys R J，Wassink D，et al. The total air budget in oxygenated water flowing in a drip tape irrigation pipe [J]. International Journal of Multiphase Flow，2013，52：121-130.

[129] Yin J，Li J，Li H，et al. Experimental study on the bubble generation characteristics for an venturi type bubble generator [J]. International Journal of Heat and Mass Transfer，2015，91：218-224.

[130] Gordiychuk A，Svanera M，Benini S，et al. Size distribution and Sauter mean diameter of micro bubbles for a Venturi type bubble generator [J]. Experimental Thermal and Fluid Science，2016，70：51-60.

[131] Li J，Song Y，Yin J，et al. Investigation on the effect of geometrical parameters on the performance of a venturi type bubble generator [J]. Nuclear Engineering and Design，2017，325：90-96.

[132] Kong R，Rau A，Kim S，et al. Experimental study of horizontal air-water plug-to-slug transition flow in different pipe sizes [J]. International Journal of Heat and Mass Transfer，2018，123：1005-1020.

[133] Shanthin C，Pappa N. An artificial intelligence based improved classification of two-phase flow patterns with feature extracted from acquired images [J]. ISA transactions，2017，68：425-432.

[134] Eyo E N，Pilario K E S，Lao L，et al. Development of a real-time objective gas-liquid flow regime identifier using kernel methods [J]. IEEE Transactions on Cybernetics，2019：1-11.

[135] Milelli M，Smith B L，Lakehal D. Large-eddy simulation of turbulent shear flows laden with bubbles [M]. Direct and large-eddy simulation IV. Springer，2001：461-470.

[136] Wei P，Mudde R F，Uijttewaal W，et al. Characterising the two-phase flow and mixing perform-

ance in a gas - mixed anaerobic digester: Importance for scaled - up applications [J]. Water research, 2019, 149: 86 - 97.

[137] Liu Z, Li B. Scale - adaptive analysis of Euler - Euler large eddy simulation for laboratory scale dispersed bubbly flows [J]. Chemical Engineering Journal, 2018, 338: 465 - 477.

[138] 邵梓一，张海燕，孙立成，等. 文丘里式气泡发生器内气泡破碎机制分析 [J]. 化工学报，2018，69 (6)：2439 - 2445.

[139] Goorahoo D, Adhikari D, Zoldoske D, et al. Application of airjection irrigation to cropping systems in California [C]. Fresno: International Water Technology and Ozone V Conference, 2007.

[140] Torabi M, Midmore D J, Walsh K B, et al. Improving the uniformity of emitter air bubble delivery during oxygation [J]. Journal of Irrigation and Drainage Engineering, 2014, 140 (7): 6014002.

[141] 雷宏军，刘欢，潘红卫. 气源及活性剂对曝气滴灌带水气单双向传输均匀性的影响 [J]. 农业工程学报，2018，34 (19)：88 - 94.

[142] 雷宏军，刘欢，张振华. NaCl及生物降解活性剂对曝气灌溉水氧传输特性的影响 [J]. 农业工程学报，2017，33 (5)：96 - 101.

[143] 饶晓娟，王治国，付彦博，等. 不同氧浓度下灌溉系统中溶解氧变化规律 [J]. 排灌机械工程学报，2017，35 (11)：981 - 986.

[144] Pei Y, Li Y, Liu Y, et al. Eight emitters clogging characteristics and its suitability under on - site reclaimed water drip irrigation [J]. Irrigation Science, 2014, 32 (2): 141 - 157.

[145] Li J, Chen L, Li Y. Comparison of clogging in drip emitters during application of sewage effluent and groundwater [J]. Transactions of the ASABE, 2009, 52 (4): 1203 - 1211.

[146] Han S, Li Y, Zhou B, et al. An in - situ accelerated experimental testing method for drip irrigation emitter clogging with inferior water [J]. Agricultural Water Management, 2019, 212: 136 - 154.

[147] Feng J, Li Y, Wang W, et al. Effect of optimization forms of flow path on emitter hydraulic and anti - clogging performance in drip irrigation system [J]. Irrigation Science, 2018, 36 (1): 37 - 47.

[148] Song P, Li Y, Zhou B, et al. Controlling mechanism of chlorination on emitter bio - clogging for drip irrigation using reclaimed water [J]. Agricultural Water Management, 2017, 184: 36 - 45.

[149] Feng J, Li Y, Liu Z, et al. Composite clogging characteristics of emitters in drip irrigation systems [J]. Irrigation Science, 2019, 37 (2): 105 - 122.

[150] 吴显斌，吴文勇，刘洪禄，等. 再生水滴灌系统滴头抗堵塞性能试验研究 [J]. 农业工程学报，2008 (5)：61 - 64.

[151] Capra A, Scicolone B. Water quality and distribution uniformity in drip/trickle irrigation systems [J]. Journal of Agricultural Engineering Research, 1998, 70 (4): 355 - 365.

[152] Ravina I, Paz E, Sofer Z, et al. Control of emitter clogging in drip irrigation with reclaimed wastewater [J]. Irrigation Science, 1992, 13 (3): 129 - 139.

[153] Nakayama F S, Bucks D A. Water quality in drip/trickle irrigation: a review [J]. Irrigation Science, 1991, 12 (4): 187 - 192.

[154] Bucks D A, Nakayama F S, Gilbert R G. Trickle irrigation water quality and preventive maintenance [J]. Agricultural Water Management, 1979, 2 (2): 149 - 162.

[155] Adin A, Sacks M. Dripper - clogging factors in wastewater irrigation [J]. Journal of Irrigation and Drainage Engineering, 1991, 117 (6): 813 - 826.

[156] 周博，李云开，宋鹏，等. 引黄滴灌系统灌水器堵塞的动态变化特征及诱发机制研究 [J]. 灌

溉排水学报，2014，33（Z1）：123-128.

[157] Liu H，Huang G. Laboratory experiment on drip emitter clogging with fresh water and treated sewage effluent [J]. Agricultural Water Management，2009，96（5）：745-756.

[158] Capra A，Scicolone B. Assessing dripper clogging and filtering performance using municipal wastewater [J]. Irrigation and Drainage：The journal of the International Commission on Irrigation and Drainage，2005，54（S1）：S71-S79.

[159] Puig-Bargués J，Barragán J，De Cartagena F R. Filtration of effluents for microirrigation systems [J]. Transactions of the ASAE，2005，48（3）：969-978.

[160] Capra A，Scicolone B. Emitter and filter tests for wastewater reuse by drip irrigation [J]. Agricultural Water Management，2004，68（2）：135-149.

[161] Ravina I，Paz E，Sofer Z，et al. Control of clogging in drip irrigation with stored treated municipal sewage effluent [J]. Agricultural Water Management，1997，33（2-3）：127-137.

[162] Gilbert R G，Nakayama F S，Bucks D A，et al. Trickle irrigation：emitter clogging and other flow problems [J]. Agricultural Water Management，1981，3（3）：159-178.

[163] Li Y，Zhou B，Liu Y，et al. Preliminary surface topographical characteristics of biofilms attached on drip irrigation emitters using reclaimed water [J]. Irrigation Science，2013，31（4）：557-574.

[164] 李云开，宋鹏，周博. 再生水滴灌系统灌水器堵塞的微生物学机理及控制方法研究 [J]. 农业工程学报，2013，29（15）：98-107.

[165] Gilbert R G，Ford H W. Operational principles/emitter clogging [J]. Trickle Irrigation for Crop Production. Amsterdam：Elsevier，1986：142-163.

[166] Picologlou B F，Zelver N，Characklis W G. Biofilm growth and hydraulic performance [C]. Journal of the Hydraulics Division，1980，106（HY5）：733-746.

[167] Taylor H D，Bastos R，Pearson H W，et al. Drip irrigation with wastestabilisation pond effluents：Solving the problem of emitter fouling [J]. Water Science and Technology，1995，31（12）：417-424.

[168] 栗岩峰，李久生. 再生水加氯对滴灌系统堵塞及番茄产量与氮素吸收的影响 [J]. 农业工程学报，2010，26（2）：18-24.

[169] Cararo D C，Botrel T A，Hills D J，et al. Analysis of clogging in drip emitters during wastewater irrigation [J]. Applied Engineering in Agriculture，2006，22（2）：251-257.

[170] Dehghanisanij H，Yamamoto T，Ahmad B O，et al. The effect of chlorine on emitter clogging induced by algae and protozoa and the performance of drip irrigation [J]. Transactions of the ASAE，2005，48（2）：519-527.

[171] Hills D J，Brenes M J. Microirrigation of wastewater effluent using drip tape [J]. Applied Engineering in Agriculture，2001，17（3）：303.

[172] Şahin Ü，Anapalı Ö，Dönmez M F，et al. Biological treatment of clogged emitters in a drip irrigation system [J]. Journal of Environmental Management，2005，76（4）：338-341.

[173] Eroglu S，Sahin U，Tunc T，et al. Bacterial application increased the flow rate of $CaCO_3$ clogged emitters of drip irrigation system [J]. Journal of Environmental Management，2012，98：37-42.

[174] Lyu T，Wu S，Mortimer R J，et al. Nanobubble technology in environmental engineering：revolutionization potential and challenges [J]. Environmental Science & Technology，2019，53（13）：7175-7176.

[175] Nazari S，Shafaei S Z，Gharabaghi M，et al. Effects of nanobubble and hydrodynamic parameters

on coarse quartz flotation [J]. International Journal of Mining Science and Technology，2019，29 (2)：289 - 295.

[176] Agarwal A，Ng W J，Liu Y. Principle and applications of microbubble and nanobubble technology for water treatment [J]. Chemosphere，2011，84 (9)：1175 - 1180.

[177] GB/T 19812.3—2017，内镶式滴灌管及滴灌带 [S].

[178] ASAE Standards. 1988. EP458：Field evaluation of microirrigation systems. St. Joseph，Mich.：ASAE [S].

[179] 戴建军，樊小林，梁有良，等. 应用电导法测定肥料溶液浓度标准曲线的校验研究 [J]. 磷肥与复肥，2005 (4)：15 - 17.

[180] 李久生，杜珍华，栗岩峰. 地下滴灌系统施肥灌溉均匀性的田间试验评估 [J]. 农业工程学报，2008 (4)：83 - 87.

[181] 范军亮，张富仓，吴立峰，等. 滴灌压差施肥系统灌水与施肥均匀性综合评价 [J]. 农业工程学报，2016，32 (12)：96 - 101.

[182] 韩启彪. 滴灌压差施肥肥液浓度变化及其对水肥分布影响研究 [D]. 扬州：扬州大学，2018.

[183] ASAE Standards. 2003. EP405.1. Design and installation ofmicroirrigation systems. St. Joseph，Mich.：ASAE [S].

[184] ISO. 2003. TC 23/SC 18 N. Clogging test methods for emitters. Geneva，Switzerland：International Organization for Standardization [S].

[185] Zhou B，Wang T，Li Y，et al. Effects of microbial community variation on bio - clogging in drip irrigation emitters using reclaimed water [J]. Agricultural Water Management，2017，194：139 - 149.

[186] Besemer K. Biodiversity，community structure and function of biofilms in stream ecosystems [J]. Research in Microbiology，2015，166 (10)：774 - 781.

[187] Becerra - Castro C，Lopes A R，Vaz - Moreira I，et al. Wastewater reuse in irrigation：A microbiological perspective on implications in soil fertility and human and environmental health [J]. Environment International，2015，75：117 - 135.

[188] Lequette K，Ait - Mouheb N，Wery N. Drip irrigation biofouling with treated wastewater：bacterial selection revealed by high - throughput sequencing [J]. Biofouling，2019，35 (2)：217 - 229.

[189] Sánchez O，Ferrera I，Garrido L，et al. Prevalence of potentially thermophilic microorganisms in biofilms from greenhouse - enclosed drip irrigation systems [J]. Archives of Microbiology，2014，196 (3)：219 - 226.

[190] Desvaux M，Dumas E，Chafsey I，et al. Protein cell surface display in Gram - positive bacteria：from single protein to macromolecular protein structure [J]. FEMS Microbiology Letters，2006，256 (1)：1 - 15.

[191] Sullivan R F，Holtman M A，Zylstra G J，et al. Taxonomic positioning of two biological control agents for plant diseases as Lysobacter enzymogenes based on phylogenetic analysis of 16S rDNA，fatty acid composition and phenotypic characteristics [J]. Journal of Applied Microbiology，2003，94 (6)：1079 - 1086.

[192] Diab S，Bashan Y，Okon Y. Studies of infection withxanthomonas campestris pv. vesicatoria，causal agent of bacterial scab of pepper in Israel [J]. Phytoparasitica，1982，10 (3)：183 - 191.

[193] Lemarchand C，Jardillier L，Carrias J，et al. Community composition and activity of prokaryotes associated to detrital particles in two contrasting lake ecosystems [J]. FEMS Microbiology Ecology，2006，57 (3)：442 - 451.

[194] Kirchman D L. The ecology of Cytophaga - Flavobacteria in aquatic environments [J]. FEMS microbiology ecology, 2002, 39 (2): 91 - 100.

[195] Nold S C, Zwart G. Patterns and governing forces in aquatic microbial communities [J]. Aquatic Ecology, 1998, 32 (1): 17 - 35.

[196] Newton R J, Jones S E, Eiler A, et al. A guide to the Natural history of freshwater lake bacteria [J]. Microbiology and Molecular Biology Reviews, 2011, 75 (1): 14 - 49.